"十二五"普通高等教育本科国家级规划教材配套参考书

C语言程序设计
实验与习题指导

（第4版）

颜 晖　张 泳　主编
张高燕　杨起帆
柳 俊　陈建海　编

高等教育出版社·北京

内容提要

本书是与《C语言程序设计（第4版）》（何钦铭、颜晖主编，高等教育出版社出版）配套的实验与习题指导用书。

本书由实验指导和习题指导两部分组成。实验部分有13个实验，包括21个实验项目和一个综合实验，每个实验都提供精心设计的编程示例或调试示例以及实验题（编程题和改错题）。读者可以先模仿示例操作，然后再独立完成实验题，通过"模仿-改写-编写"的上机实践过程，循序渐进地熟悉编程环境，理解和掌握程序设计的思想、方法和技巧，并掌握基本的程序调试方法。习题指导部分给出了与主教材配套的选择题、填空题及参考答案，以帮助读者巩固各章节知识点。

本书可以作为高等学校学生学习"C语言程序设计"课程的配套用书，也可以作为参加计算机等级考试的辅导用书。

图书在版编目（CIP）数据

C语言程序设计实验与习题指导/颜晖，张泳主编；张高燕等编. --4版. --北京：高等教育出版社，2020.9

ISBN 978-7-04-054845-7

Ⅰ.①C… Ⅱ.①颜… ②张… ③张… Ⅲ.①C语言-程序设计-高等学校-教学参考资料 Ⅳ.①TP312.8

中国版本图书馆 CIP 数据核字（2020）第143086号

策划编辑	张 龙	责任编辑	刘 茜	封面设计	赵 阳	版式设计	马 云
插图绘制	黄云燕	责任校对	胡美萍	责任印制	存 怡		

出版发行	高等教育出版社	网　　址	http://www.hep.edu.cn
社　　址	北京市西城区德外大街4号		http://www.hep.com.cn
邮政编码	100120	网上订购	http://www.hepmall.com.cn
印　　刷	北京京师印务有限公司		http://www.hepmall.com
开　　本	787mm×1092mm 1/16		http://www.hepmall.cn
印　　张	13.75	版　　次	2008年1月第1版
字　　数	320千字		2020年9月第4版
购书热线	010-58581118	印　　次	2020年12月第2次印刷
咨询电话	400-810-0598	定　　价	28.00元

本书如有缺页、倒页、脱页等质量问题，请到所购图书销售部门联系调换
版权所有　侵权必究
物　料　号　54845-00

前 言

程序设计是高校重要的计算机基础课程，它以编程语言为平台，介绍程序设计的思想和方法。通过该课程的学习，学生不仅要掌握高级程序设计语言的知识，更重要的是在实践中逐步掌握程序设计的思想和方法，培养问题求解和程序语言的应用能力。

"C 语言程序设计"是一门实践性很强的课程，学习者必须通过大量的编程训练，在实践中培养程序设计的基本能力，并逐步理解和掌握程序设计的思想和方法。因此，C 语言程序设计课程的教学重点应该是培养学生的实践编程能力。

本书是与《C 语言程序设计（第 4 版）》（何钦铭、颜晖主编，高等教育出版社出版）配套的实验与习题指导用书。主教材以程序设计为主线，以编程应用为驱动组织内容，特色鲜明，被教育部评为普通高等教育国家精品教材、"十二五"普通高等教育本科国家级规划教材。

本书由实验指导和习题两部分组成。实验部分有 13 个实验，包括 21 个实验项目和一个综合实验，每个实验都提供精心设计的编程示例或调试示例以及实验题（编程题和改错题）。读者可以先模仿示例操作，然后再做实验题，通过"模仿－改写－编写"的上机实践过程，循序渐进地熟悉编程环境，理解和掌握程序设计的思想、方法和技巧，并掌握基本的程序调试方法。习题部分则包括与教材配套的选择题、填空题及参考答案，以帮助读者巩固各章节知识点。

在不断加强编程实践的教学指导思想下，结合读者反馈意见，特别是对在线开放学习的迫切需求，本书的所有实验题均部署在具有在线判题功能的 PTA（Programming Teaching Assistant，又称"拼题 A"）平台上，使用说明请阅读附录 A。读者使用本书封四提供的验证码即可登录 PTA 网站，进入"浙大版《C 语言程序设计实验与习题指导（第 4 版）》题目集"以及"浙大版《C 语言程序设计（第 4 版）》题目集"，进行在线练习。

本书由颜晖、张泳主编并统稿，张高燕、杨起帆、柳俊、陈建海参加了编写工作，陈越审核了部署在 PTA 平台上的本书的实验题目集，沈睿、徐镜春、张彤彧、白洪欢、冯晓霞、肖少拥、王云武提供了案例和实验题的素材。在此，一并向以上所有为本书做出贡献的教师表示衷心的感谢。

由于作者水平所限，书中可能存在谬误之处，敬请读者指正并与我们联系：yanhui@zju.edu.cn。

编　者

2020 年 6 月

目 录

第一部分 实验指导

实验 1　熟悉 C 语言编程环境 ……… 002
实验 2　用 C 语言编写简单程序 …… 008
 2.1　在屏幕上显示信息 ……… 008
 2.2　基本数据处理 ……………… 012
 2.3　计算分段函数 ……………… 016
 2.4　指定次数循环 ……………… 024
 2.5　使用函数 …………………… 029
实验 3　分支结构程序设计 ………… 035
实验 4　循环结构程序设计 ………… 043
 4.1　基本循环语句的使用 ……… 043
 4.2　嵌套循环 …………………… 050
实验 5　函数程序设计 ……………… 055
实验 6　控制结构综合程序设计 …… 062
实验 7　数组程序设计 ……………… 069
 7.1　一维数组 …………………… 069
 7.2　二维数组 …………………… 075
 7.3　字符串 ……………………… 082
实验 8　指针程序设计 ……………… 089
 8.1　指针与数组 ………………… 089
 8.2　指针与字符串 ……………… 094
实验 9　结构程序设计 ……………… 099
实验 10　程序结构与递归函数 …… 105
实验 11　指针进阶 ………………… 115
 11.1　指针数组、指针与函数 … 115
 11.2　单向链表 ………………… 121
实验 12　文件程序设计 …………… 126
实验 13　综合程序设计 …………… 131

第二部分 习题指导

第 1 章　引言 …………………………… 138
第 2 章　用 C 语言编写程序 ………… 139
第 3 章　分支结构 ……………………… 143
第 4 章　循环结构 ……………………… 147
第 5 章　函数 …………………………… 155
第 6 章　数据类型和表达式 ………… 159
第 7 章　数组 …………………………… 163
第 8 章　指针 …………………………… 171
第 9 章　结构 …………………………… 178
第 10 章　函数与程序结构 ………… 184
第 11 章　指针进阶 ………………… 189
第 12 章　文件 ……………………… 194

参考答案 ………………………………………………………………… 200
附录 A　PTA 使用说明 ………………………………………………… 206
参考文献 ………………………………………………………………… 210

第一部分
实验指导

实验 1　熟悉 C 语言编程环境

【实验目的】

(1) 熟悉 C 语言编程环境 Dev-C++，掌握运行一个 C 程序的基本步骤，包括编辑、编译、连接和运行。

(2) 了解 C 程序的基本框架，能够编写简单的 C 程序。

(3) 了解程序的运行过程，观察程序运行结果。

【实验内容】

一、编程示例

输出短句(Hello World!)：在屏幕上显示一个短句"Hello World!"。

源程序

```c
#include <stdio.h>
int main(void)
{
    printf("Hello World!\n");

    return 0;
}
```

运行结果

```
Hello World!
```

作为本书的第一个实验，以上述 C 语言源程序为例，介绍在 Dev-C++编程环境下运行一个 C 程序的基本步骤，请读者按照以下步骤操作。

(1) 建立自己的文件夹。在磁盘上新建一个文件夹，用于存放 C 程序，如 C:\ C_PROGRAMMING。

(2) 启动 Dev-C++。执行"开始"→"所有程序"→"Bloodshed Dev-C++"→"Dev-C++"命令，进入 Dev-C++编程环境(如图 1.1 所示)。

(3) 新建文件。执行"文件"→"新建"命令，选择"源代码"，就新建了文件，并显示源程序编辑区域(如图 1.2 所示)。

(4) 编辑和保存。在编辑窗口中输入源程序(如图 1.3 所示)，然后执行"文件"→"保存"命令，先在"文件名"框中输入"test01_1"，在"保存类型"中选择"C++ source files"，把 C 语言源程序文件命名为 test01_1.cpp；然后选择已经建立的文件夹，如 C:\ C_PROGRAMMING，单击"保存"按钮(如图 1.4 所示)。

图 1.1　Dev-C++窗口

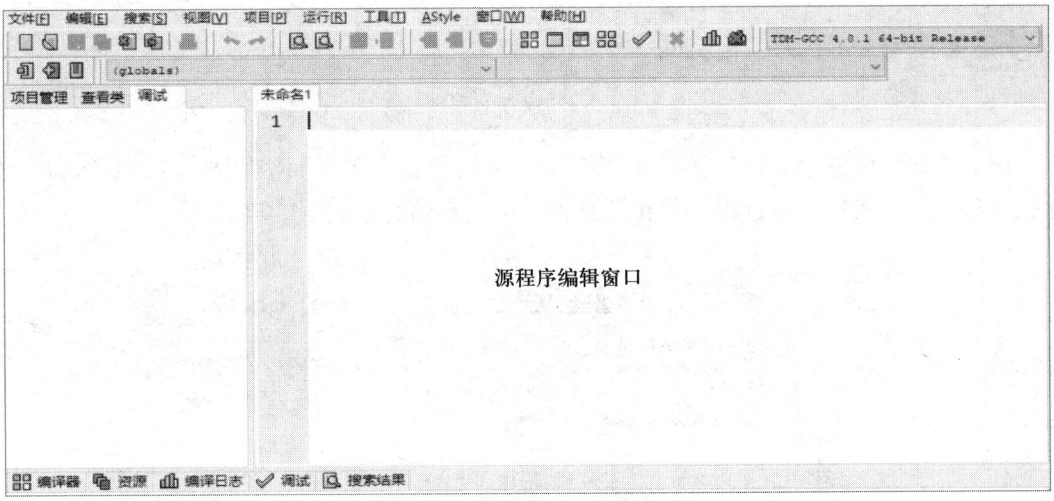

图 1.2　源程序编辑窗口

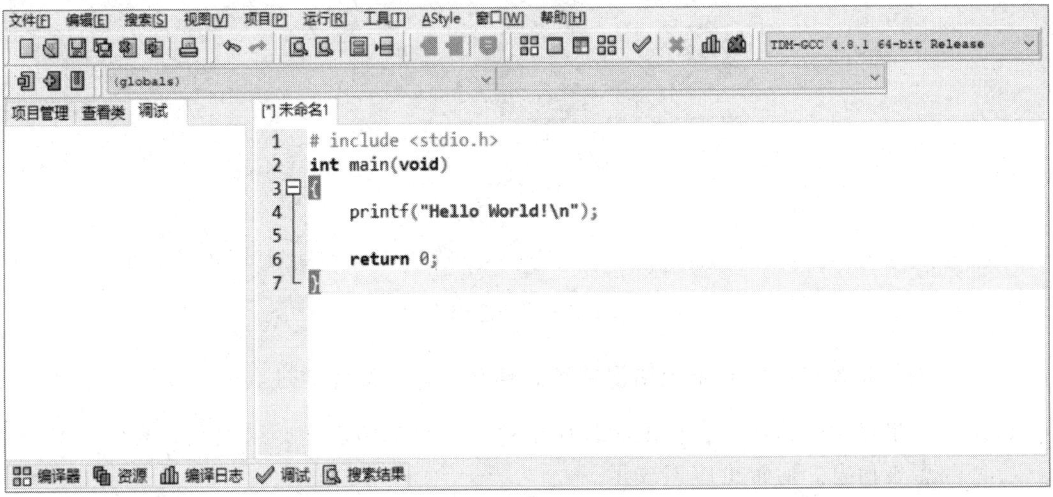

图 1.3　编辑源程序

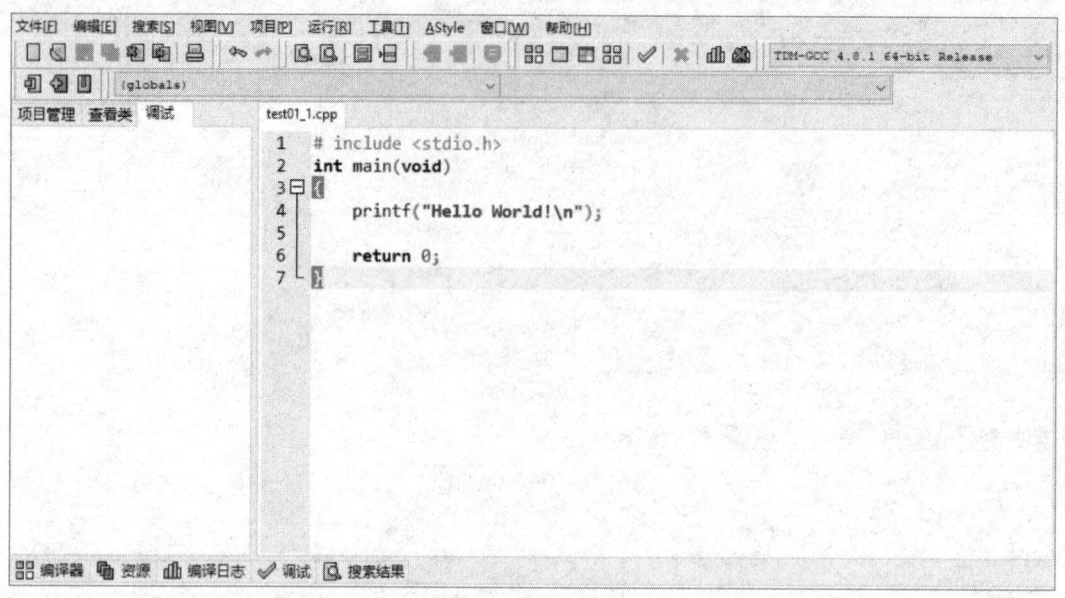

图 1.4 保存源程序

(5) 编译。执行"运行"→"编译"命令或按快捷键 F9(如图 1.5 所示),可以一次性完成程序的编译和连接过程,并在信息窗口中显示信息(如图 1.6 所示)。

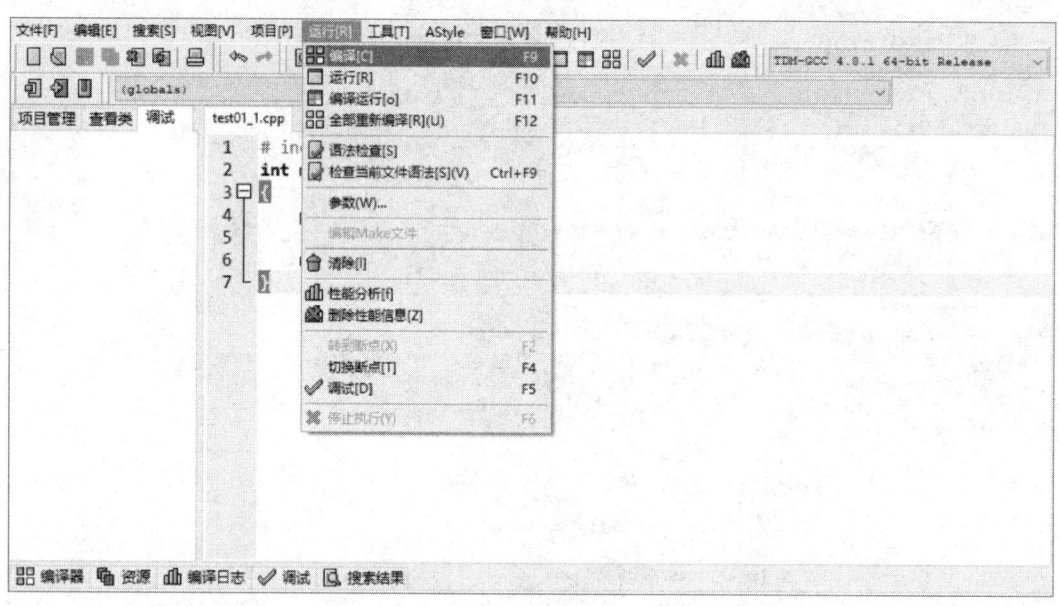

图 1.5 编译源程序

图 1.6 的信息窗口中没有出现错误或警告信息,表示编译通过。

☞ 如果显示有错误信息,说明程序中存在严重的错误,必须改正;有时还会显示警告信息,通常也应该改正。

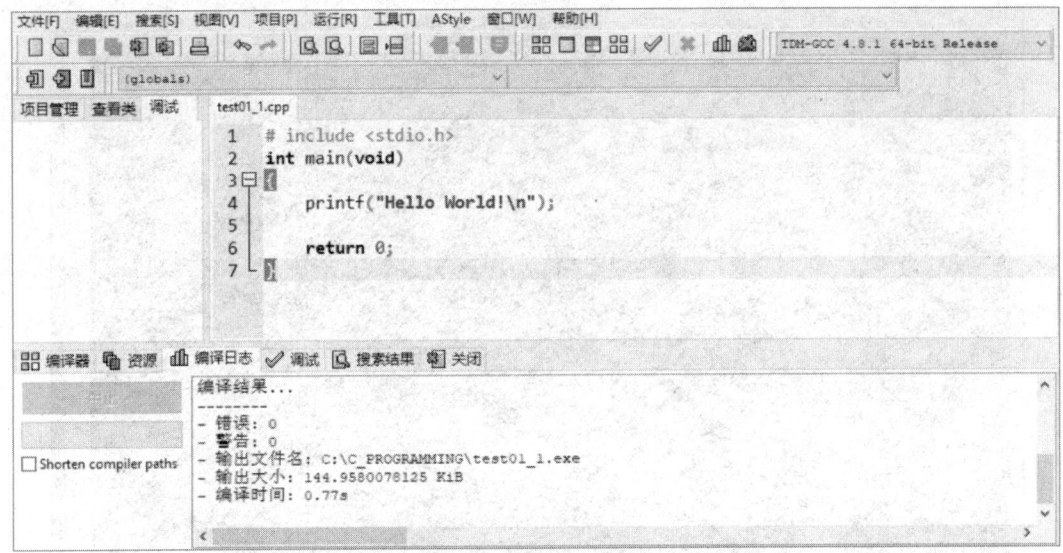

图 1.6　编译正确

(6) 运行。执行"运行"→"运行"命令或按快捷键 F10(如图 1.7 所示),自动弹出运行窗口(如图 1.8 所示),显示运行结果"Hello World!"。其中"Press any key to continue…"提示用户按任意键退出运行窗口,返回到 Dev-C++编辑窗口。

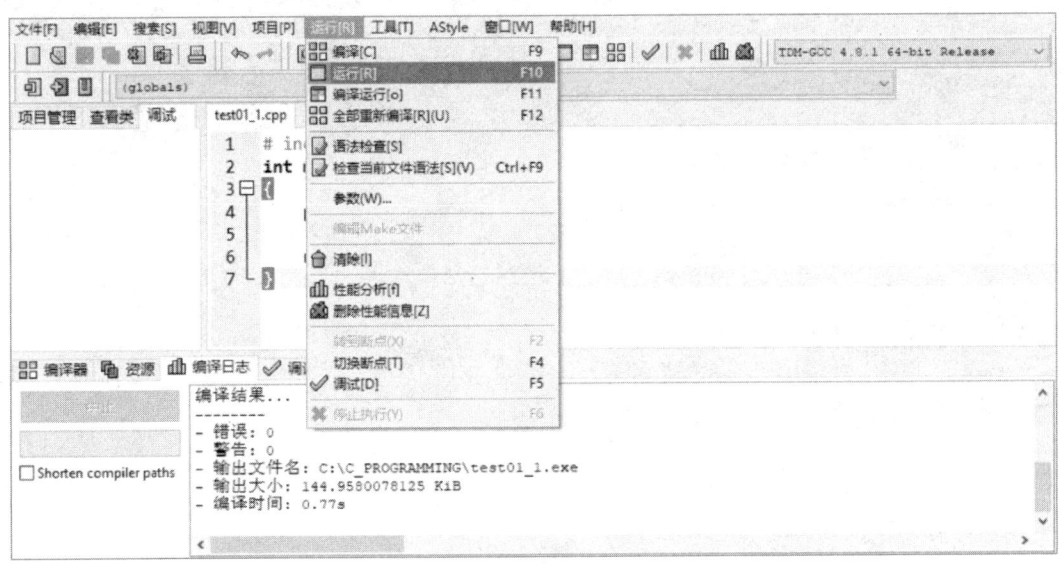

图 1.7　运行程序

(7) 关闭程序。执行"文件"→"关闭"命令(如图 1.9 所示)。

(8) 打开文件。如果要再次打开 C 语言源程序,可以执行"文件"→"打开项目或文件"命令,在文件夹 C:\ C_PROGRAMMING 中选择文件 test01_1.cpp;或者在文件夹 C:\ C_PROGRAMMING 中,直接双击文件 test01_1.cpp。

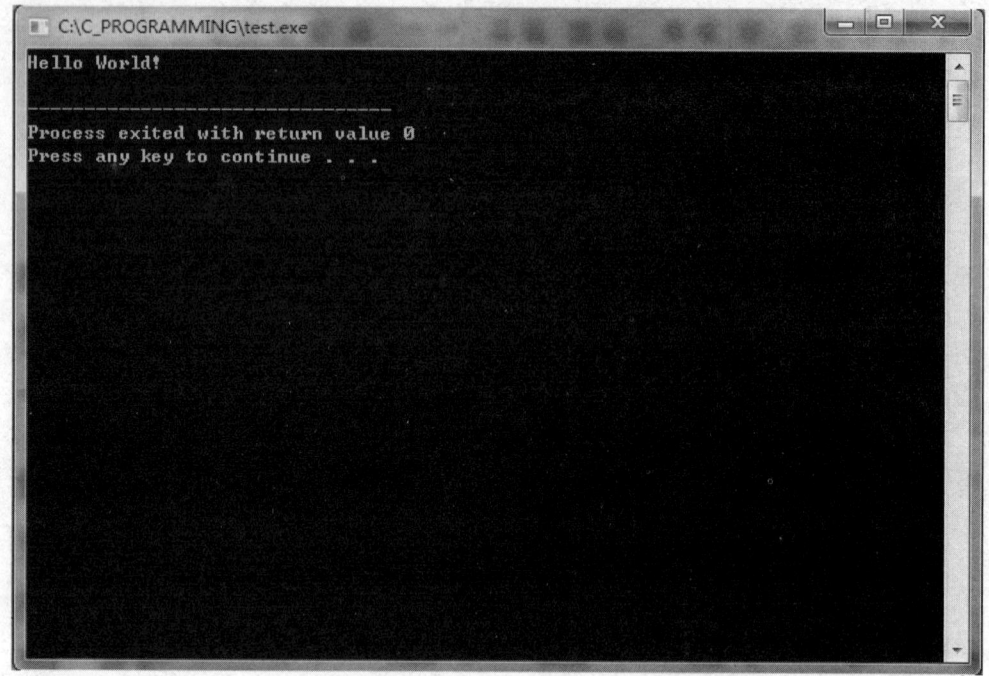

图 1.8　运行窗口

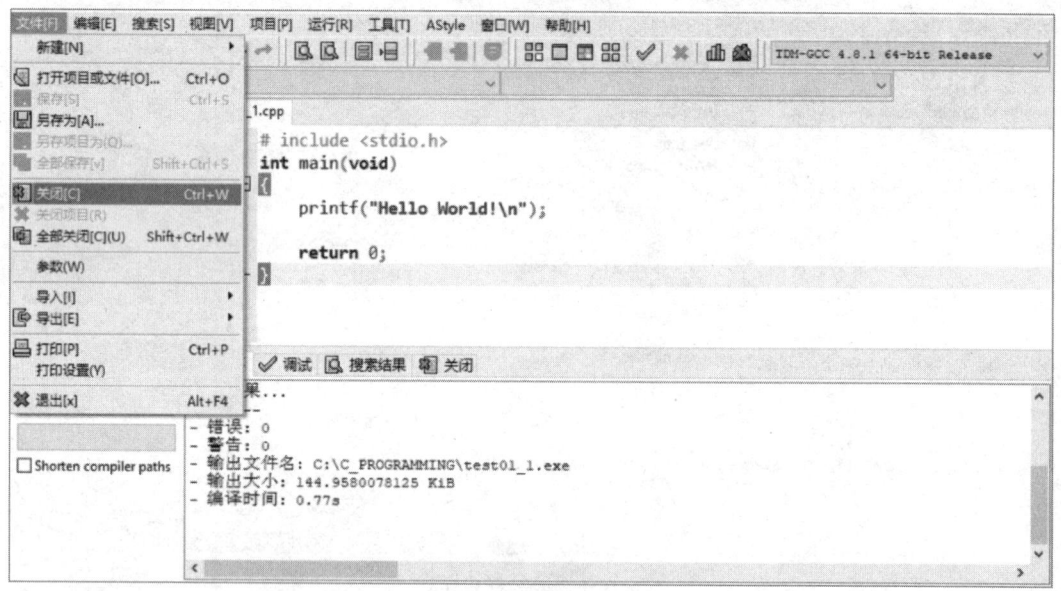

图 1.9　关闭程序

（9）查看 C 语言源程序和可执行文件的存放位置。经过编辑、编译和运行后，在文件夹 C:\ C_PROGRAMMING（如图 1.10 所示）中存放着相关文件，即源程序 test01_1.cpp 和可执行文件 test01_1.exe。

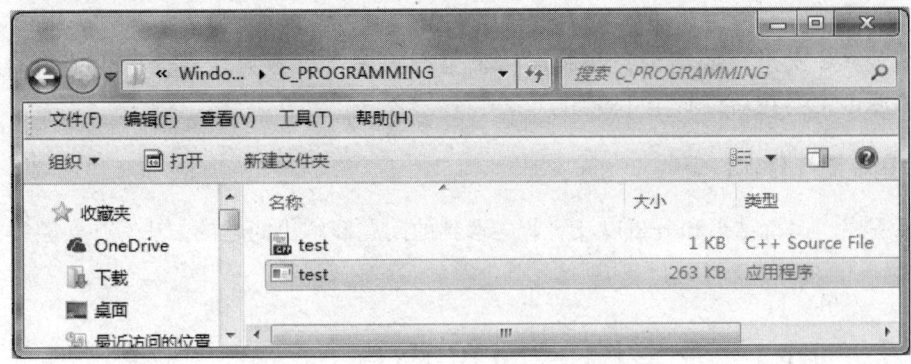

图 1.10　文件夹 C:\ C_PROGRAMMING

二、运行示例

求阶乘问题：输入一个正整数 n，输出 n!。请运行以下程序，根据输入数据写出运行结果。（源程序 test01_2.cpp）

源程序

```
#include <stdio.h>
int main(void)
{
    int n;
    int factorial(int n);

    scanf("%d", &n);
    printf("%d\n", factorial(n));

    return 0;
}
int factorial(int n)
{
    int i, fact;

    fact = 1;
    for(i = 1; i <= n; i++){
        fact = fact * i;
    }

    return fact;
}
```

（1）按照编程示例中介绍的步骤（8），打开源文件 test01_2.cpp。
（2）按照编程示例中介绍的步骤（5），对程序进行编译，没有出现错误信息。
（3）按照编程示例中介绍的步骤（6），运行程序，输入 6，运行结果为_____。
（4）再次运行程序，输入 12，运行结果为_____。

(5)第3次运行程序,输入13,运行结果为_____。

仔细观察3次运行的结果,并验证结果是否正确,思考为什么会产生这样的运行结果。具体原因将会在后续章节中介绍。

【实验结果与分析】

将源程序、运行结果和分析以及实验中遇到的问题和解决问题的方法写在实验报告上。

实验 2 用 C 语言编写简单程序

2.1 在屏幕上显示信息

【实验目的】

(1)了解 C 程序的基本框架,能够编写简单的屏幕输出程序。
(2)了解程序调试的思想,能找出并改正 C 程序中的语法错误。

【实验内容】

一、调试示例

输出短句(Welcome to You!):在屏幕上显示短句"Welcome to You!"。(源程序 test02_1.cpp)

源程序(有错误的程序)

```
1       #include <stdio.h>
2       int mian(void)
3       {
4           printf(Welcome to You!\n")
5
6           return 0;
7       }
```

运行结果(改正后程序的运行结果)

Welcome to You!

☞ 上述有错误的源程序各行前的数字为本行语句的行号,只起到标注作用,不属于源程序代码,在本书各实验中均遵循这一规则。

(1)打开文件。按照实验1中介绍的步骤,打开源程序 test02_1.cpp。
(2)编译。执行"运行"→"编译"命令,编译后显示有3个[Error]。
(3)找出错误。在信息窗口中双击第一条出错信息,编辑窗口就会在程序出错的行首显示一个红色的⊗(如图2.1所示),并且将错误程序行高亮显示。一般在⊗的当前行或上一行，可以找到出错语句，并在最底下状态栏显示当前错误信息。图 2.1 中⊗指向第 4 行，状态栏显示"[Error]：stray '\' in program"，出错的原因是"Welcome"前少了一个前双引号。

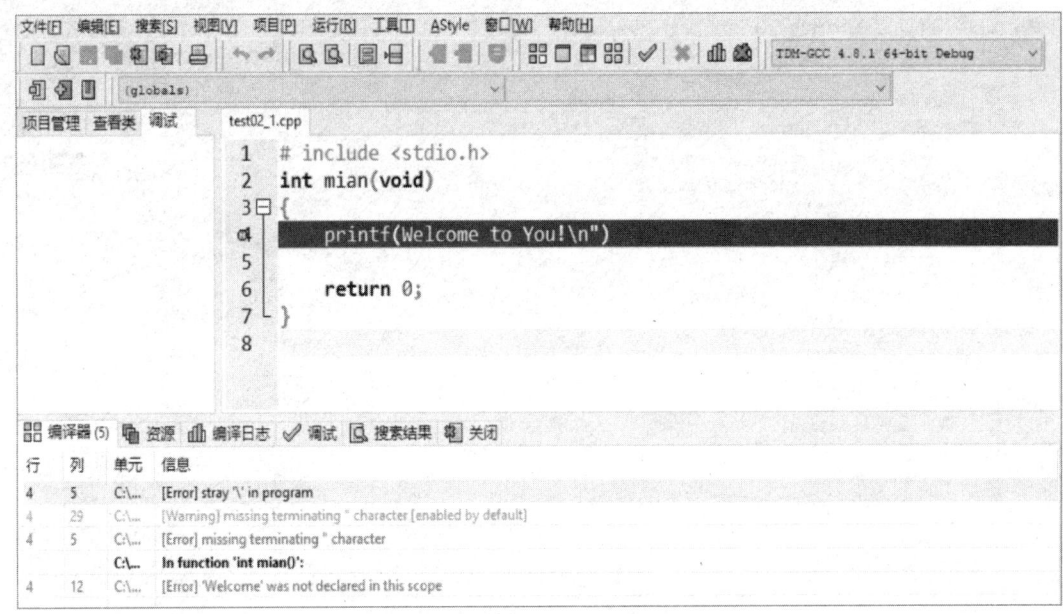

图 2.1　编译产生的错误信息

（4）改正错误。在"Welcome"前加上前双引号。

（5）重新编译并改错。本次编译，信息窗口显示了 1 条错误信息，在第（4）步只改正了一处错误就使得错误数量大大减少，由此可知，改错时最好先修改第一处的错误，且修改后要重新编译。双击第一条出错信息（如图 2.2 所示），⊗指向第 6 行，出错信息指出在"return"前缺少分号，改正错误，在"return"前的一条语句最后补上一个分号。

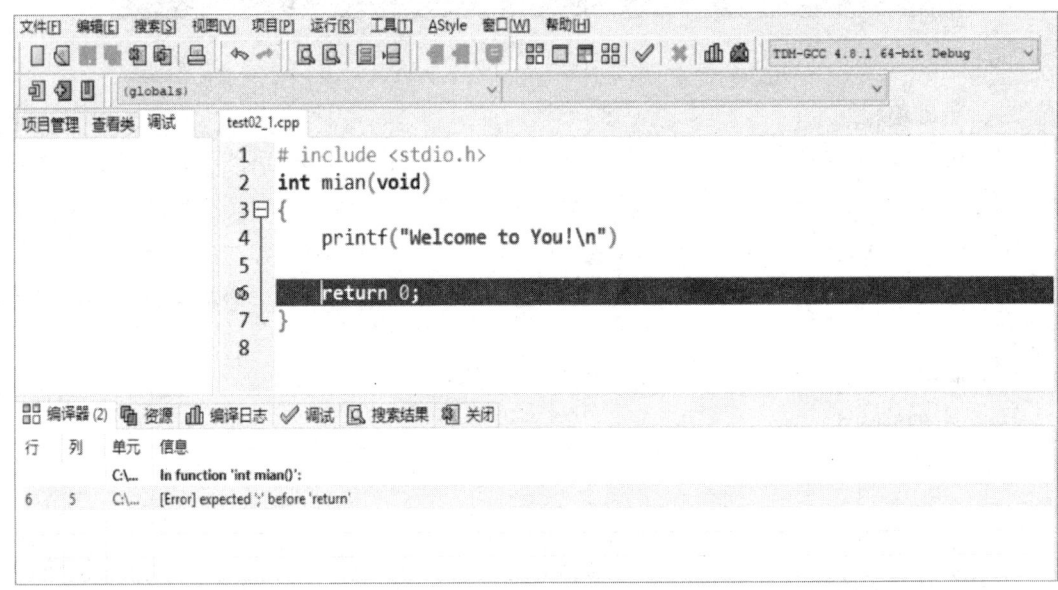

图 2.2　重新编译后产生的错误信息

（6）第 3 次编译并改错。信息窗口中显示错误信息（如图 2.3 所示）。仔细观察，引起错误的原因是 main 拼写错误。改正错误后重新编译，信息窗口中没有出现错误信息。

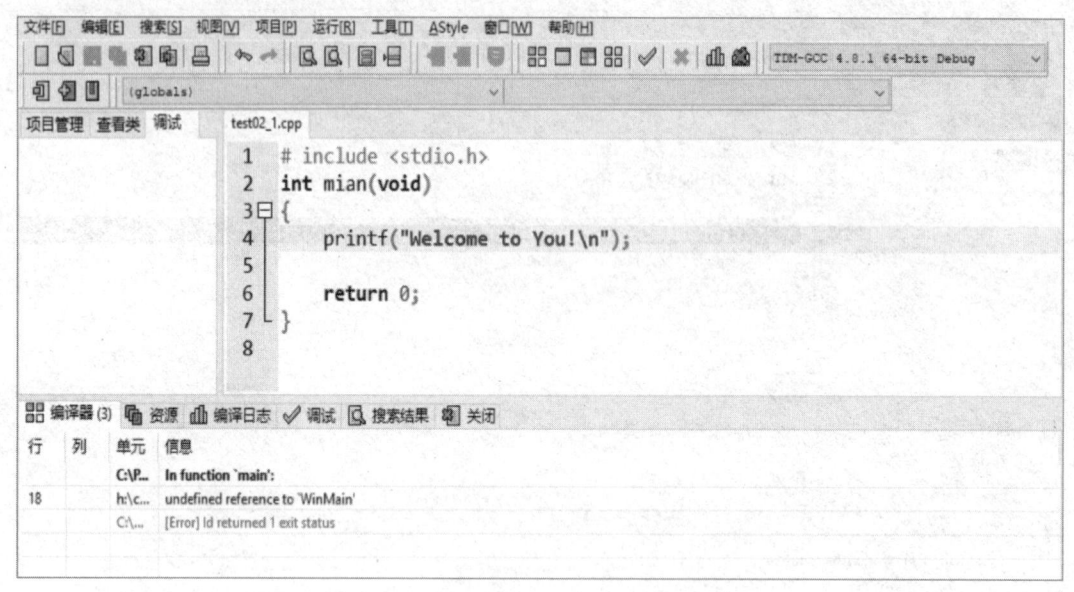

图 2.3　再次编译后产生的错误信息

（7）运行。执行"运行"→"运行"命令，自动弹出运行窗口（如图 2.4 所示），显示运行结果，与题目要求的一致，按任意键返回。

图 2.4　程序运行窗口

二、基础编程题

（1）输出短句：在屏幕上显示一个短句"Programming in C is fun!"。

思考：

① 如何在屏幕上显示自己的学号、姓名和班级？

② 如何在屏幕上显示数字、英文字母和汉字等信息？例如："你在计算中心 A1 机房吗？"

（2）输出三角形：在屏幕上显示下列三角形图案。

　　＊＊＊＊
　　＊＊＊
　　＊＊
　　＊

（3）输出菱形图案：在屏幕上显示下列菱形图案。

```
        A
      A   A
        A
```

思考：如何在屏幕上显示一个由各种字符组成的图案？例如：

```
HHHHHH
 HHHHHH
  HHHHHH
   HHHHHH
```

三、改错题

输出带框文字：在屏幕上输出以下 3 行信息。（源程序 test02_2.cpp）

```
*************
Welcome
*************
```

源程序（有错误的程序）

```
1    #include <stdio.h>
2    int mian(void)
3    {
4        printf("*************\n");
5        printf("  Welcome\n")
6        printf("*************\n);
7
8        return 0;
9    }
```

（1）按照实验 1 中介绍的步骤，打开源程序 test02_2.cpp。

（2）编译后信息窗口显示_____个 [Error]，分别记下错误信息以及中文含义。

错误信息 1：_____

中文含义 1：_____

错误信息 2：_____

中文含义 2：_____

（3）双击第一个错误信息，此时编辑窗口⊗指向行号为_____的语句，出错原因是_____，正确语句为_____。

（4）改正错误后重新编译，再次双击第一个错误信息，此时编辑窗口⊗指向行号为_____的语句，出错原因是_____，正确语句为_____。

（5）改正错误后再次编译，信息窗口显示_____个 [Error]，出错原因是_____，正确语句为_____。

（6）改正错误后再次进行编译和连接，没有出现错误信息。

（7）运行程序，运行结果与题目要求的_____（一致/不一致）。

四、拓展编程题

（1）打印菜单：在屏幕上打印如下 5 行菜单。

　　　　　［1］Select crisps
　　　　　［2］Select popcorn
　　　　　［3］Select chocolate
　　　　　［4］Select cola
　　　　　［0］Exit
（2）输出倒三角图案：在屏幕上显示下列倒三角图案。
```
* * * *
 * * *
  * *
   *
```

【实验结果与分析】

将源程序、运行结果和分析以及实验中遇到的问题和解决问题的方法写在实验报告上。

2.2　基本数据处理

【实验目的】

（1）能正确使用算术表达式、赋值表达式和基本输出函数，编程实现简单的数据处理。
（2）能使用工具栏调试程序，掌握简单 C 程序的查错方法。

【实验内容】

一、调试示例

温度转换：求华氏温度 150°F 对应的摄氏温度。计算公式如下：

$$c = \frac{5 \times (f-32)}{9}$$

其中，c 表示摄氏温度，f 表示华氏温度。（源程序 test02_3.cpp）

源程序（有错误的程序）

```
1     #include <stdoi.h>
2     int main(void)
3     {
4         int celsius; fahr;
5     
6         fahr=150;
7         celsius=5*(fahr-32)/9;
8         printf("fahr=d, celsius=%d\n", fahr);
9     
10        return 0;
11    }
```

运行结果（改正后程序的运行结果）

```
fahr=150, celsius=65
```

（1）打开文件。按照实验 1 中介绍的步骤，打开源程序 test02_3.cpp。

（2）使用工具栏。在实验 1 中使用菜单来完成编译、连接和运行操作，现在介绍使用工具栏完成上述操作的方法。在工具栏或菜单栏上右击，出现如图 2.5 所示的完整的工具箱菜单，单击选中"编译运行工具条"选项，该工具条即出现在工具栏下方（如图 2.6 所示）。其中，第一个按钮 表示编译，第二个按钮 表示运行，第三个按钮 表示编译运行，第五个按钮 表示调试。

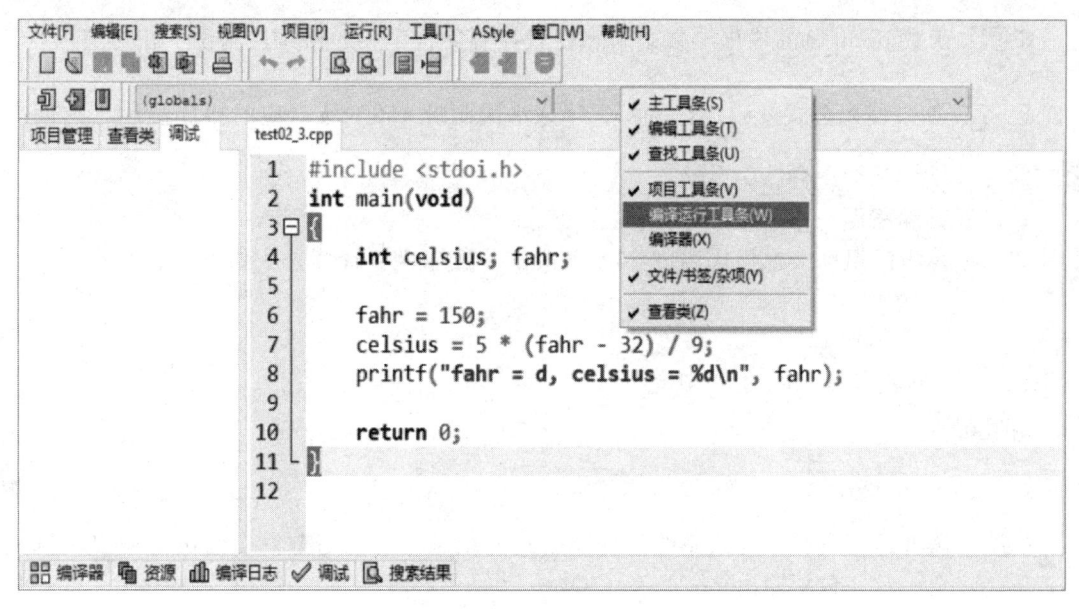

图 2.5　显示完整的工具箱菜单

图 2.6　编译运行工具条

（3）编译。单击按钮 ，编译时出现的第一条错误信息是：

```
[Error] stdoi.h: No such file or directory
```

双击该错误信息，箭头指向源程序的第 1 行，错误信息指出"stdoi.h"不存在，仔细观察后，发现错误原因是误将"stdio.h"拼写为"stdoi.h"。改正后重新编译，新产生的第一个错误信息是：

```
[Error] 'fahr' was not declared in this scope
```

双击该错误信息，箭头指向源程序的第 4 行，错误信息指出变量 fahr 未声明。仔细分析程序，发现错误原因是将变量声明中用来分隔变量的逗号误写成分号。改正后重新编译，没有出现错误信息。

(4) 运行。单击按钮 □，运行结果为：

```
fahr=d, celsius=150
```

不符合题目的要求。仔细检查源程序，发现出错原因是函数 print( ) 的第一个格式控制说明符漏了 %。改正后重新编译运行，运行结果为：

```
fahr=150, celsius=6487720
```

仍然不符合题目的要求。需要说明的是，上面输出的 celsius 的值是随机值。再次检查源程序，发现函数 printf( ) 中漏写了第二个输出参数 celsius。改正后，重新编译、运行，运行结果与题目要求的一致。

☞ 函数 printf( ) 的输出参数必须和格式控制字符串中的格式控制说明相对应。

思考：如果使用公式 $c=\dfrac{5}{9}\times f-\dfrac{5}{9}\times 32$ 计算华氏温度 150°F 所对应的摄氏温度，这两个公式的计算结果是否一样？为什么？

二、基础编程题

(1) 计算华氏温度：求摄氏温度 26℃ 对应的华氏温度。计算公式如下。

$$f=\dfrac{9}{5}c+32$$

其中，c 表示摄氏温度，f 表示华氏温度。

输出示例

```
celsius=26, fahr=78
```

☞ 读者运行自己编写或修改的程序得到的结果，应该与题目中给出的输出示例完全一致，包括输出格式。

(2) 计算物体自由下落的距离：一个物体从 100 m 的高空自由落下，编写程序，求它在前 3 s 内下落的垂直距离。设重力加速度为 10 m/s^2。

输出示例

```
height=45
```

(3) 计算平均分：已知某位学生的数学、英语和计算机课程的成绩分别是 87 分、72 分和 93 分，计算该生这 3 门课程的平均分并输出。

输出示例

```
math=87, eng=72, comp=93, average=84
```

三、改错题

将 x 的平方赋值给 y：分别以 "y=x*x" 和 "x*x=y" 的形式输出 x 和 y 的值。请不要删除源程序中的任何注释。（源程序 test02_4.cpp）

输出示例（假设 x 的值为 3）

```
9=3*3
```

3*3=9

源程序(有错误的程序)

```
1      #include <stdio>
2      int main(void)
3      {
4          int x, y;
5
6          y = x * x;
7          printf("%d=%d*%d", x);    /*输出
8          printf("d*%d=%d", y);
9
10         return 0;
11     }
```

(1) 打开源程序 test02_4.cpp，对程序进行编译，信息窗口显示_____个[Error]。双击第一个错误，观察源程序中的箭头位置，记录错误信息并分析出错原因。

错误信息：_____

出错原因：_____

正确语句：_____

(2) 改正错误后重新编译，信息窗口显示_____个[Error]。双击第一个错误，观察源程序中的箭头位置，记录错误信息并分析出错原因。

错误信息：_____

出错原因：_____

正确语句：_____

☞ 注释语句必须用"/*"和"*/"配对使用，两者之间为注释内容。

(3) 改正错误后再次进行编译和连接，没有出现错误信息。

(4) 运行程序，运行结果为_____，与题目给出的输出示例_____(一致/不一致)。

(5) 如果不一致，仔细分析源程序，指出错误的位置并给出正确语句。

错误行号：_____ 正确语句：_____

错误行号：_____ 正确语句：_____

错误行号：_____ 正确语句：_____

☞ 变量必须先定义，并经过初始化后才可使用，否则变量值无法预计。

四、拓展编程题

(1) 分糖果：幼儿园里有3个小朋友，编号分别是1、2、3，他们按自己的编号顺序围坐在一张圆桌旁，每个小朋友的面前分别有8、9、10颗糖果。现在做一个分糖果游戏，从1号小朋友开始，将自己的糖果平均分成三份(如果有多余的糖果，则自己立刻吃掉)，自己留一份，其余两份分给相邻座位的两个小朋友。接着，2号、3号小朋友也同样这么

做。请问一轮后,每个小朋友面前分别有多少颗糖果?

输出示例

```
10 8 5
```

思考:

① 如果每个小朋友分好一次糖果后,马上显示所有小朋友面前的糖果数量,如何修改程序?

② 如果有 5 个小朋友一起分糖果,如何修改程序?

(2) 求一个三位数的各位数字:当 n 为 152 时,分别求出 n 的个位数字(digit1)、十位数字(digit2)和百位数字(digit3)的值。

输出示例

```
152=2+5*10+1*100
```

提示:n 的个位数字 digit1 的值是 n%10,十位数字 digit2 的值是(n/10)%10,百位数字 digit3 的值是 n/100。

思考:如果 n 是一个四位数,如何求出它的每一位数字?

【实验结果与分析】

将源程序、运行结果和分析以及实验中遇到的问题和解决问题的方法写在实验报告上。

2.3 计算分段函数

【实验目的】

(1) 能正确使用输入函数等 C 语言提供的常用库函数、关系表达式和 if-else 语句,编程实现分段函数的计算。

(2) 掌握程序调试的常用方法——设置断点和单步跟踪,能调试简单的二分支结构程序。

【实验内容】

一、调试示例

计算分段函数:输入实数 x,计算并输出下列分段函数 f(x) 的值(保留 1 位小数)。(源程序 test02_5.cpp)

$$y = f(x) = \begin{cases} \dfrac{1}{x} & x \neq 0 \\ 0 & x = 0 \end{cases}$$

源程序(有错误的程序)

```
1    #include <stdio.h>
2    int main(void)
```

```
3      {
4          double x, y;
5
6          printf("Enter x:");
7          scanf("%lf", x);
8          if(x!=0){
9              y=1/x
10         }else{
11             y=0;
12         }
13         printf("f(%.1f)=%.1f\n", x, y);
14
15         return 0;
16     }
```

运行结果 1（改正后程序的运行结果，运行 2 次）

```
Enter x: 10
f(10.0)=0.1
```

运行结果 2：

```
Enter x: 0
f(0.0)=0.0
```

☞ 在运行结果中，凡是加下划线的内容，表示用户输入的数据，每行的最后以回车结束；其余内容都为输出结果。在本书的所有实验题目中，都遵循这一规定。

（1）打开文件并编译。打开源程序 test02_5.cpp，单击按钮 ▦，出现的第一条编译错误信息是：

```
expected ';' before '}' token
```

双击该错误信息，箭头指向行号为 10 的语句，出错信息指出在"}"前面缺少一个分号，其实是第 9 行语句"y = 1/x"后缺少一个分号。改正后重新编译，没有出现错误信息。

（2）运行。单击按钮 ▭，输入测试数据 10，无运行结果，系统报错，说明程序有逻辑错误，需要通过调试找出错误并改正。

（3）调试。首先介绍断点的使用方法。断点的作用就是使程序执行到断点处暂停，用户可以观察当前变量或表达式的值。设置断点时，先将光标定位到要设置断点的位置，然后单击左边的行号，或者选择菜单栏中的"运行"→"切换断点"命令，或者按 F4 键，断点即设置完毕。如果要取消已经设置的断点，只需再次单击行号，或者选择"运行"→"切换断点"命令，或者按 F4 键即可。断点可以设置多个，当程序以调试模式运行时，运行到断点就会停止。图 2.7 在第 6 行设置一个断点，高亮显示为红色。

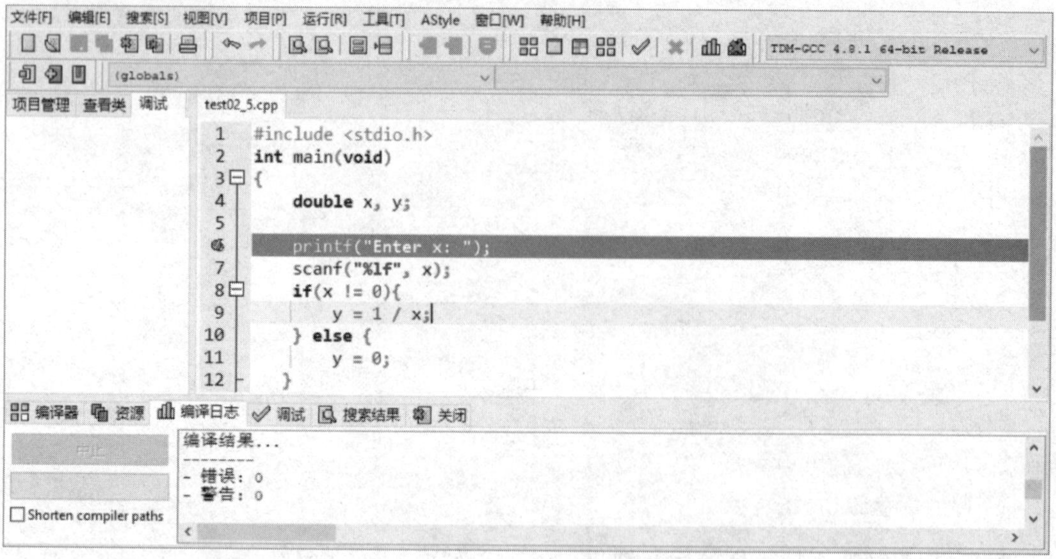

图 2.7 设置断点

单击按钮 ✓ ，程序执行到断点处，将要被执行的语句用蓝色高亮显示。在如图 2.8 所示的"调试信息栏"中出现 10 个调试命令按钮（如图 2.9 所示）。在调试信息栏中单击"添加查看"按钮，在弹出的对话框中，分别输入要观察的变量名 x 和 y，即可在左侧的窗口中实时观测变量的变化，此时变量 x 和 y 都未赋值。

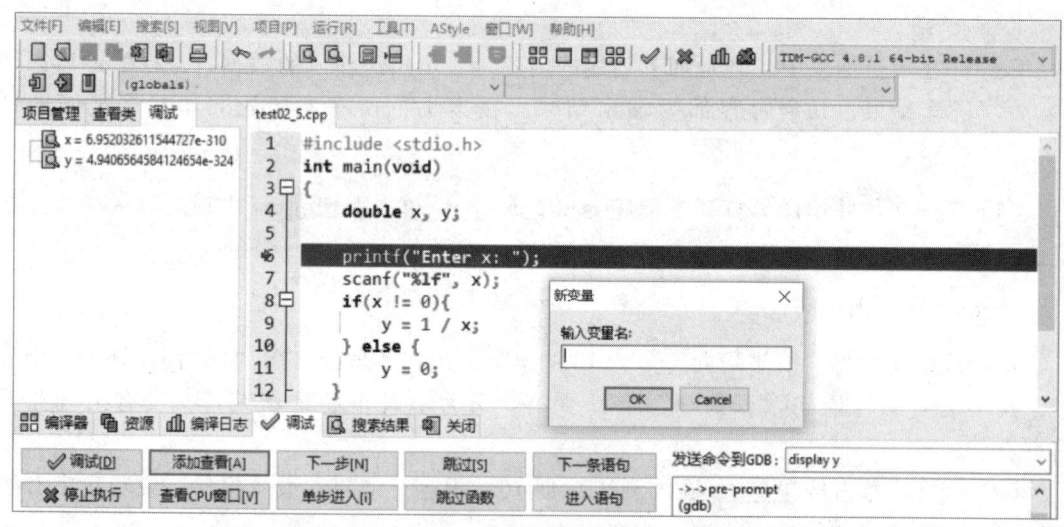

图 2.8 调试信息栏

图 2.9 调试命令按钮

单击"下一步"按钮，其功能是单步执行，即单击一次执行一行（如图 2.10 所示），编辑窗口中的箭头指向某一行，表示程序将要执行该行。此时已执行第 6 行，故运行窗口（如图 2.11 所示）显示 "Enter x:"，将要执行第 7 行输入语句。

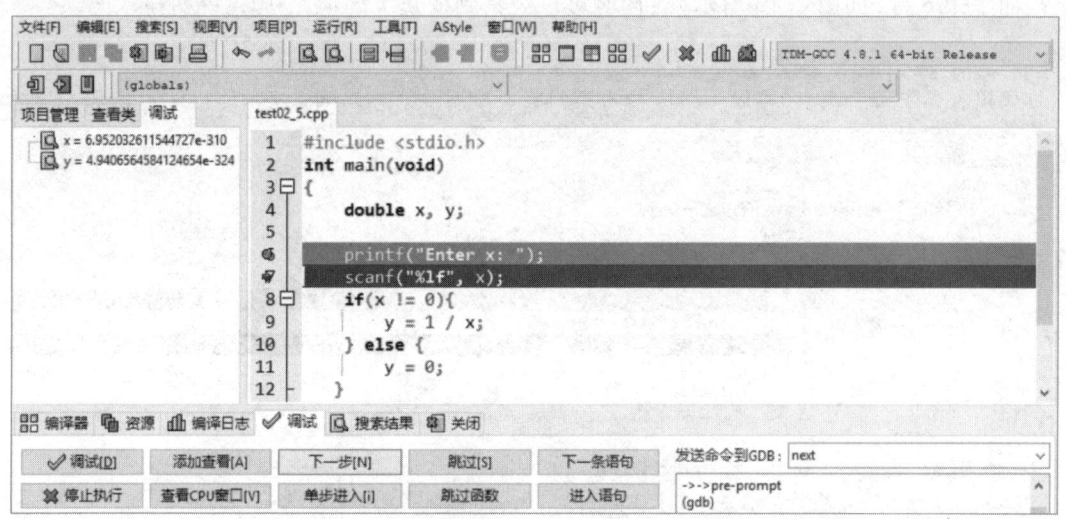

图 2.10　单步调试过程

图 2.11　运行窗口

再次单击 "下一步" 按钮，程序执行第 7 行输入语句，在运行窗口输入 "10"（如图 2.12 所示），按 Enter 键后，程序报错，说明被执行的语句存在错误。仔细观察后发现，在函数 scanf() 调用时，变量 x 前面少了一个 "&"。

图 2.12　在运行窗口输入变量 x 的值 10

（4）结束本次调试并改正错误。"停止执行" 按钮的作用是终止调试，单击 "停止执行" 按钮结束调试。修改程序后重新编译，没有出现错误信息。

(5)再次调试。重复第(3)步,即单击按钮 ✓,程序执行到断点处,单击 2 次"下一步"按钮,仔细观察每次单步执行的过程,在运行窗口输入"10",按 Enter 键后,箭头指向了第 8 行(如图 2.13 所示),同时可以观察到变量 x 的值是 10,说明输入无误。

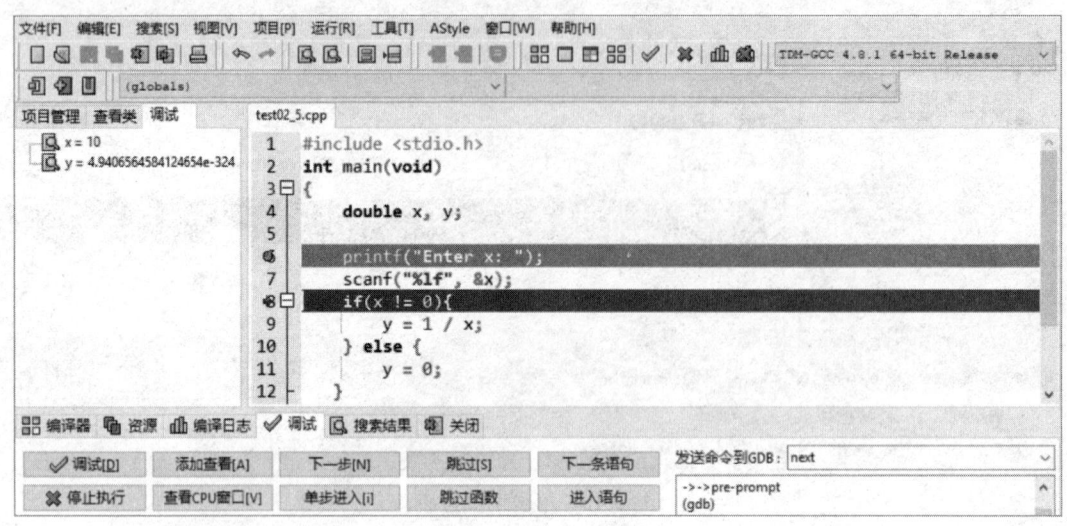

图 2.13　单步调试过程,观察变量 x 的值

继续单击"下一步"按钮,箭头指向了行号为 9 的语句,即将要执行该语句,说明条件"x!=0"的值为真。再次单击"下一步"按钮,观察变量 y 值的变化,箭头指向了行号为 13 的语句(如图 2.14 所示),跳过了第 10～12 行,原因是当 if 的表达式值为真时,执行它后面的语句第 9 行;只有当表达式的值为假时,才会执行 else 后面的语句第 11 行。再次单击"下一步"按钮,在运行窗口观察运行结果(如图 2.15 所示),符合题目的要求。

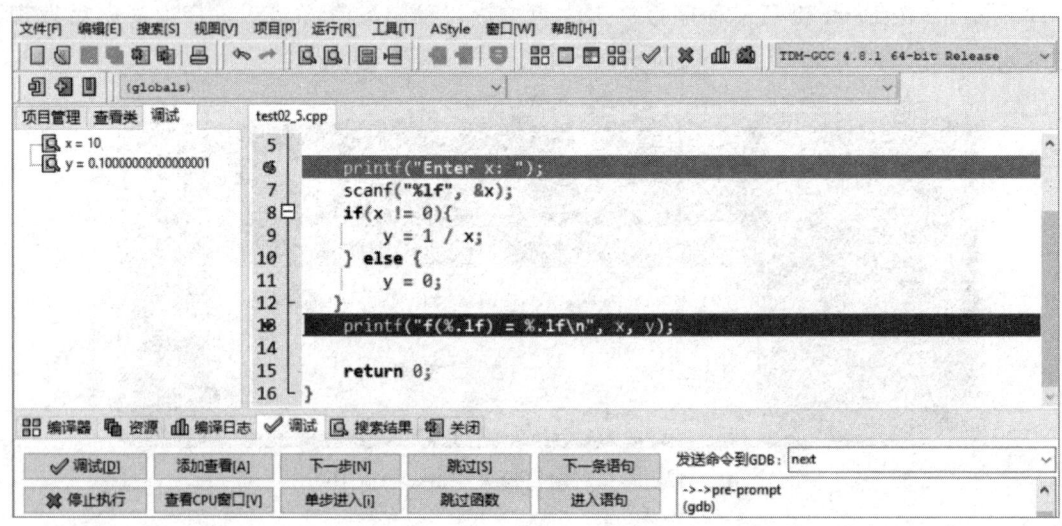

图 2.14　单步调试过程,观察变量 y 的值

图 2.15 在运行窗口显示结果

(6) 结束调试。单击"停止执行"按钮,程序调试结束。

二、基础编程题

(1) 计算摄氏温度:输入华氏温度,输出对应的摄氏温度。计算公式如下。

$$c = \frac{5 \times (f-32)}{9}$$

其中,c 表示摄氏温度,f 表示华氏温度。

输入输出示例

```
Enter fahr: 150
celsius=65
```

☞ 读者运行自己编写或修改的程序所得到的结果,首先应该与题目中给出的输入输出示例完全一致,包括输入输出格式;然后,自己改变输入数据,观察、分析运行结果是否正确,并记录输入输出结果。

思考:如果华氏温度和摄氏温度都是双精度浮点型数据,应如何修改程序?

(2) 计算存款利息:输入存款金额 money、存期 year 和年利率 rate,根据下列公式计算存款到期时的利息 interest(税前),输出时保留 2 位小数。

$$interest = money(1+rate)^{year} - money$$

输入输出示例

```
Enter money, year, rate: 1000 3 0.025
interest=76.89
```

(3) 计算分段函数:输入实数 x,计算并输出下列分段函数 f(x) 的值(保留 2 位小数),请调用函数 sqrt() 求平方根,调用函数 pow() 求幂。

$$f(x) = \begin{cases} (x+1)^2 + 2x + \dfrac{1}{x} & x < 0 \\ \sqrt{x} & x \geqslant 0 \end{cases}$$

输入输出示例(运行 3 次)

示例 1:
```
Enter x: 10
f(10.00)=3.16
```

示例 2:
```
Enter x: -0.5
f(-0.50)=-2.75
```

示例 3：
    Enter x: 0
    f(0.00)=0.00

（4）整数算术运算：输入两个整数 num1 和 num2，计算并输出它们的和、差、积、商与余数。

输入输出示例

    Enter num1, num2: 5 3
    5+3=8
    5-3=2
    5*3=15
    5/3=1
    5%3=2

思考：如果 num1 和 num2 是双精度浮点型数据，如何修改程序？题目的要求都能达到吗？

三、改错题

计算分段函数：输入实数 x，计算并输出下列分段函数 f(x) 的值（保留 1 位小数）。（源程序 test02_6.cpp）

$$y = f(x) = \begin{cases} \dfrac{1}{x} & x = 10 \\ x & x \neq 10 \end{cases}$$

输入输出示例（运行 2 次）

示例 1：
    Enter x: 10.0
    f(10.0)=0.1

示例 2：
    Enter x: 234
    f(234.0)=234.0

源程序（有错误的程序）

```
1      #include <stdio.h>
2      int main(void)
3      {
4          double x, y;
5
6          printf("Enter x:\n");
7          scanf("=%f", x);
8          if(x=10){
9              y=1/x
10         }else(x!=10){
```

```
    11              y = x;
    12          }
    13          printf("f(%.2f)=%.1f\n" x y);
    14
    15          return 0;
    16      }
```

（1）打开源程序 test02_6.cpp，对程序进行编译，采用每次修改第一个错误并重新编译的方法，记录各个错误信息、分析出错原因并给出正确的语句。

错误信息 1：_____
出错原因：_____
正确语句：_____
错误信息 2：_____
出错原因：_____
正确语句：_____
错误信息 3：_____
出错原因：_____
正确语句：_____

（2）改正上述错误后，再次进行编译和连接，没有出现错误信息。

（3）运行程序，结果与题目给出的输入输出示例_____（一致/不一致）。

（4）若不一致，请模仿调试示例单步调试程序，并简要说明你的方法，指出错误的位置并给出正确语句。

方法：_____
_____

错误行号：_____ 正确语句：_____
错误行号：_____ 正确语句：_____
错误行号：_____ 正确语句：_____

☞ 函数 scanf( )的格式控制字符串中尽量不要出现普通字符。

四、拓展编程题

（1）阶梯电价：为了倡导居民节约用电，某省电力公司执行"阶梯电价"，安装一户一表的居民用户电价分为两个"阶梯"：月用电量 50 千瓦时（含 50 千瓦时）以内的，电价为 0.53 元/千瓦时；超过 50 千瓦时的，超出部分用电量的电价上调 0.05 元/千瓦时。输入用户的月用电量 e（千瓦时），计算并输出该用户应支付的电费 cost（元），结果保留 2 位小数；若用电量小于 0，则输出"Invalid Value！"。

输入输出示例（运行 4 次）

示例 1：
```
Enter e: 10
```

```
        cost=5.30
```
示例2：
```
    Enter e: 50
    cost=26.50
```
示例3：
```
    Enter e: 100
    cost=55.50
```
示例4：
```
    Enter e: -45
    Invalid Value!
```

（2）计算火车运行时间：输入两个整数 time1 和 time2，表示火车的出发时间和到达时间，计算并输出旅途时间。有效的时间范围是 0000～2359（前两位表示小时，后两位表示分钟），不需要考虑出发时间晚于到达时间的情况。

输入输出示例（括号内为文字说明）

```
Enter time1: 712          (出发时间是 7:12)
Enter time2: 1411         (到达时间是 14:11)
0659                      (旅途时间 6 小时 59 分钟)
```

（3）判断一个三位数是否为水仙花数：输入一个三位数 number（100≤number≤999），判断其是否为水仙花数，即其个位、十位、百位数字的立方和等于该数本身。若 number 不是三位数，则输出"Invalid Value!"。

输入输出示例（运行 3 次）

示例1：
```
    Enter number: 153
    Yes
```
示例2：
```
    Enter number: 999
    No
```
示例3：
```
    Enter number: -2
    Invalid Value!
```

【实验结果与分析】

将源程序、运行结果和分析以及实验中遇到的问题和解决问题的方法写在实验报告上。

2.4 指定次数循环

【实验目的】

（1）能正确使用 for 语句，编程解决指定次数的循环问题。

（2）掌握程序调试的常用方法——设置断点和单步跟踪，能调试简单的循环结构程序。

【实验内容】

一、调试示例

求 1 到 n 的和：输入一个正整数 n，计算序列 1+2+3+… 的前 n 项之和。（源程序 test02_7.cpp）

源程序（有错误的程序）

```
1      #include <stdio.h>
2      int main(void)
3      {
4          int i, n, sum;
5
6          scanf("%d", &n);
7
8          for(i=1, i<=n, i++){
9              sum=sum+i;
10         }
11         printf("sum=%d\n", sum);
12
13         return 0;
14     }
```

运行结果（改正后程序的运行结果，括号内为文字说明）

<u>100</u>　　（n=100）
sum=5050

（1）打开文件并编译。打开源程序 test02_7.cpp，编译程序，出现的第一个错误信息是：

```
expected ';' before ')' token
```

双击该错误信息，箭头指向"for"这一行，提示在 for 语句的括号里面应使用"；"，仔细分析后，发现 for 语句中未用分号来分隔表达式。改正后重新编译和连接，没有出现错误信息。

（2）运行。单击按钮 ▭，输入 100，运行结果错误，说明程序有逻辑错误，需要通过调试找出错误并改正。

（3）调试。单击第 9 行设置断点，单击按钮 ✓，输入 100，程序执行到断点处，将要被执行的语句"sum=sum+i;"用蓝色高亮显示。单击"添加查看"按钮，输入变量名 i、n 和 sum，观察到此时变量 n 的值为 100，说明输入无误；变量 i 的值为 1，说明已经进入 for 循环；变量 sum 的值为 1，但第 9 行代码还未执行，且此前并没有对 sum 赋初值，这是系统给 sum 赋的随机值（如图 2.16 所示）。

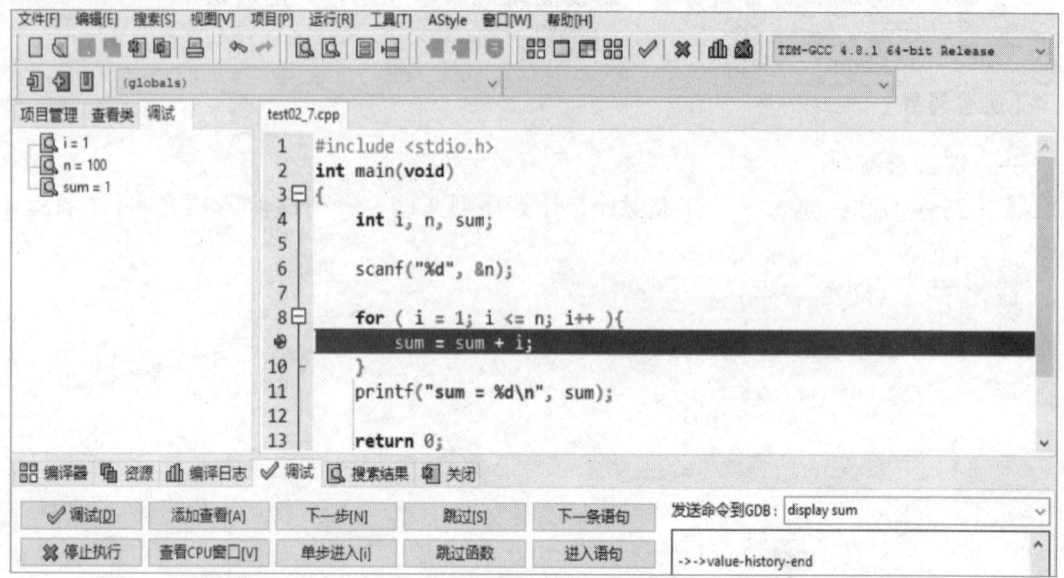

图 2.16　程序运行到断点处，变量 sum 未赋初值

单击"停止执行"按钮结束本次调试。在行号为 7 的位置增加一条语句"sum = 0;"，重新编译和连接，没有出现错误信息。

（4）再次调试。在第 13 行再设置一个断点，重复步骤（3），观察到变量窗口中显示 n 的值为 100、i 的值为 1、sum 的值为 0，正确。反复单击"下一步"按钮，单步执行程序，仔细观察编辑窗口箭头位置和变量窗口中各变量的值，体验 for 循环过程。

单击"跳过"按钮，程序执行到第 2 个断点处（如图 2.17 所示），变量窗口中显示 i 值是 101，说明此时变量 i 的值已不满足 for 语句的循环表达式"i<=n"。在运行窗口观察输出结果（如图 2.18 所示），与题目要求的一致。

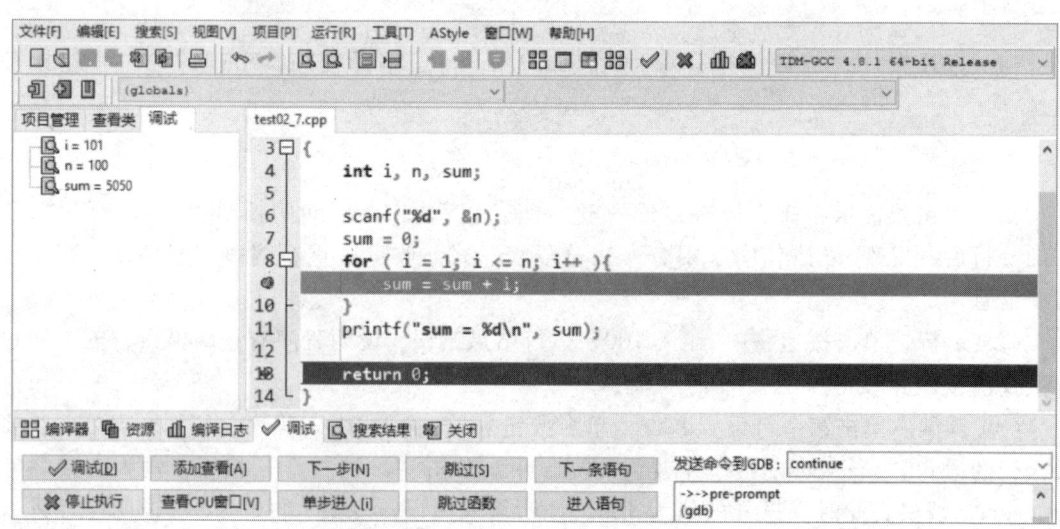

图 2.17　程序运行到第 2 个断点处，观察循环结束时变量 i 的值

图 2.18 程序运行结束，变量 sum 的值正确

(5) 单击"停止执行"按钮，程序调试结束。

二、基础编程题

(1) 求 n 分之一序列前 n 项和：输入一个正整数 n，计算序列 1+1/2+1/3+…的前 n 项之和。

输入输出示例

    Enter n: 6
    sum=2.450000

(2) 求奇数分之一序列前 n 项和：输入一个正整数 n，计算序列 1+1/3+1/5+…的前 n 项之和。

输入输出示例

    Enter n: 23
    sum=2.549541

(3) 求简单交错序列前 n 项和：输入一个正整数 n，计算序列 1-1/4+1/7-1/10+…的前 n 项之和。

输入输出示例

    Enter n: 10
    sum=0.819

三、改错题

输出华氏—摄氏温度转换表：输入两个整数 lower 和 upper，输出一张华氏—摄氏温度转换表，华氏温度的取值范围是[lower, upper]，每次增加 2℉。若输入的范围不合法，则输出"Invalid."。计算公式如下：

$$c = \frac{5 \times (f-32)}{9}$$

其中，c 表示摄氏温度，f 表示华氏温度。(源程序 test02_8.cpp)

输入输出示例（运行 2 次）

示例 1：

    Enter lower: 32
    Enter upper: 35
    fahr   celsius
    32   0.0
    34   1.1

示例2：
　　Enter lower: 40
　　Enter upper: 30
　　Invalid.

源程序（有错误的程序）

```
1    #include <stdio.h>
2    int main(void)
3    {
4        int fahr, lower, upper;                    /* fahr 表示华氏度 */
5        double celsius;                            /* celsius 表示摄氏度 */
6
7        printf("Enter lower:");
8        scanf("%d", &lower);
9        printf("Enter upper:");
10       scanf("%d", &upper);
11       if(lower>upper){
12           printf("Invalid.\n");
13       }else{
14           printf("fahr  celsius\n");             /* 显示表头 */
15           /* 温度转换 */
16           for(fahr=lower, fahr<=upper, fahr++);
17               celsius=5/9*(fahr-32.0);
18               printf("%3.0f %6.1f\n", fahr, celsius);
19
20       }
21
22       return 0;
23   }
```

（1）打开源程序 test02_8.cpp，对程序进行编译，信息窗口显示_____个[Error]。双击第一个错误，观察源程序中箭头位置，记录错误信息、分析出错原因并给出正确的语句。

错误信息：_____

出错原因：_____

正确语句：_____

（2）改正错误后再次进行编译和连接，没有出现错误信息。

（3）运行程序，运行结果为_____，与题目给出的输入输出示例_____（一致/不一致）。

（4）若不一致，请模仿调试示例中的方法调试程序，并简要说明你的查错方法，指出错误的位置并给出正确语句。

方法：_____

错误行号：_____ 正确语句：_____
错误行号：_____ 正确语句：_____
错误行号：_____ 正确语句：_____
错误行号：_____ 正确语句：_____

四、拓展编程题

（1）求交错序列前 n 项和：输入一个正整数 n，计算交错序列 1-2/3+3/5-4/7+5/9-6/11+… 的前 n 项之和，输出时保留 3 位小数。

输入输出示例

```
Enter n: 5
sum=0.917
```

（2）求平方与倒数序列的部分和：输入两个正整数 m 和 n（0<m≤n），计算序列 m×m+1/m+(m+1)×(m+1)+1/(m+1)+(m+2)×(m+2)+1/(m+2)+…+n×n+1/n，结果保留 6 位小数。

输入输出示例

```
Enter m: 5
Enter n: 10
sum=355.845635
```

（3）输出三位水仙花数：输入两个正整数 m 和 n（100≤m≤n≤999），输出 m 和 n 区间内的所有水仙花数。若输入的 m 或者 n 不符合题目的要求，则输出"Invalid Value."。三位水仙花数即其个位、十位、百位数字的立方和等于该数本身。

输入输出示例（运行 3 次，括号内为文字说明）

示例 1：

```
Enter m, n: 100 999
153 370 371 407    （100 和 999 之间的三位水仙花数是 153、370、371 和 407）
```

示例 2：

```
Enter m, n: 500 600
                    （500 和 600 之间没有三位水仙花数，输出空行）
```

示例 3：

```
Enter m, n: 990 101
Invalid Value.
```

【实验结果与分析】

将源程序、运行结果和分析以及实验中遇到的问题和解决问题的方法写在实验报告上。

2.5 使用函数

【实验目的】

（1）模仿示例，能编写和调用自定义函数解决简单的多模块问题。

(2) 掌握程序调试的常用方法——设置断点和单步跟踪进入、跳出函数，能调试简单的自定义函数。

【实验内容】

一、调试示例

求排列数：根据下列公式可以计算出从 n 个不同元素中取出 m 个元素（m≤n）的排列数。输入两个正整数 m 和 n(m≤n)，计算并输出排列数。要求定义和调用函数 fact(n) 计算 n!，函数类型是 double。（源程序 test02_9.cpp）

$$P_n^m = \frac{n!}{(n-m)!}$$

源程序（有错误的程序）

```
1    #include <stdio.h>
2    double fact(int n)
3    int main(void)
4    {
5        int m, n;
6        double p;
7    
8        printf("Enter m, n:\n");
9        scanf("%d%d", &m, &n);
10       p = fact(n) / fact(n-m);
11       printf("result = %.0f\n", p);
12   
13       return 0;
14   }
15   
16   int fact(int n);
17   {
18       int i;
19       double product;
20   
21       product = 0;
22       for(i = 1; i <= n; i++){
23           product = product * i;
24       }
25   
26       return product;
27   }
```

输入输出示例（改正后程序的运行结果）

```
Enter m, n: 3 4
result = 4
```

(1) 打开文件并编译。打开源程序 test02_9.cpp，编译程序，出现的第一个错误信息是：

expected initializer before 'int'

双击该错误信息，箭头指向行号为 3 的语句，错误信息指出在 int 前缺少初始化，其实是前一行的函数声明缺少分号。在第 2 行的末尾加上分号后，重新编译，新出现的第一个错误信息是：

new declaration 'int fact(int)'

双击该错误信息，箭头指向行号为 16 的语句，错误信息指出"int fact(int)"是新的函数声明，原因在于此处函数首部的函数类型应该和第 2 行的函数声明一致，将函数类型改为 double 后，重新编译，新出现的第一个错误信息是：

expected unqualified-id before '{' token

双击该错误信息，箭头指向行号为 17 的语句，出错原因在于前一行函数首部多了一个分号，删除第 16 行末尾的分号后，重新编译、连接，没有出现错误信息。

（2）运行。运行程序，结果不正确，说明程序有逻辑错误，需要通过调试找出错误并改正。

（3）调试。在第 10 行设置断点，单击按钮 ✓，输入数据，程序运行到断点所在的语句行。在变量窗口中添加查看变量 m、n 和 p，变量 m 和 n 的值分别为 3 和 4，说明输入正确，单击"下一步"按钮，运行第 10 行后，变量 p 的值不正常（如图 2.19 所示），说明函数调用出错了。单击"停止执行"按钮，结束本次程序调试。

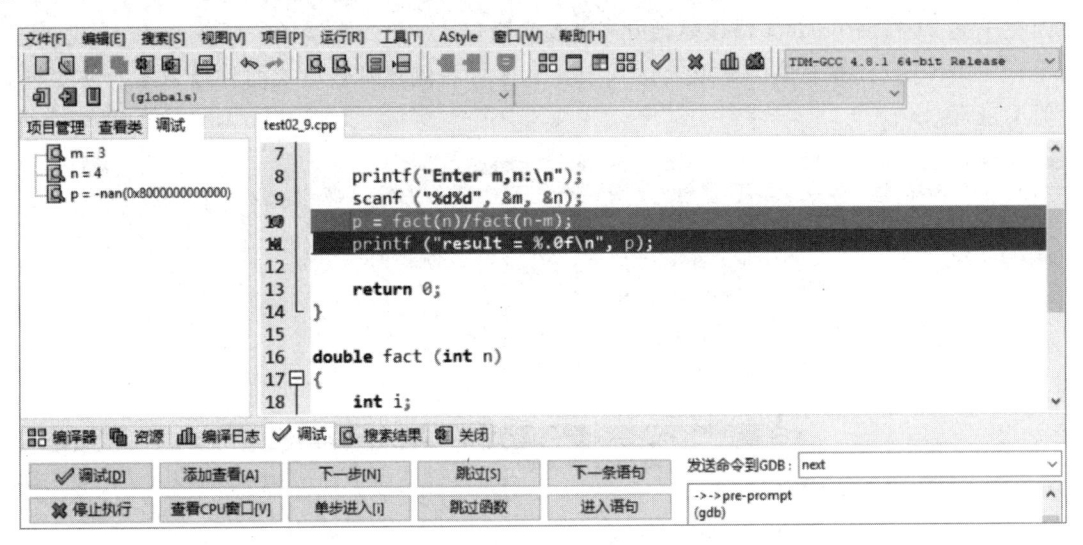

图 2.19　程序运行到断点位置，观察变量的值

思考：既然是单步执行，为什么没有进入函数 fact() 的内部？

（4）再次调试。单击按钮 ✓，输入数据，程序运行到断点所在的第 10 行，单击"单步进入"按钮，进入函数 fact() 进行调试，箭头表示程序已经执行到函数 fact() 内（如图 2.20 所示），此时变量 n 的值为 4，说明参数传递无误，本次函数调用将返回 4 的阶乘值。

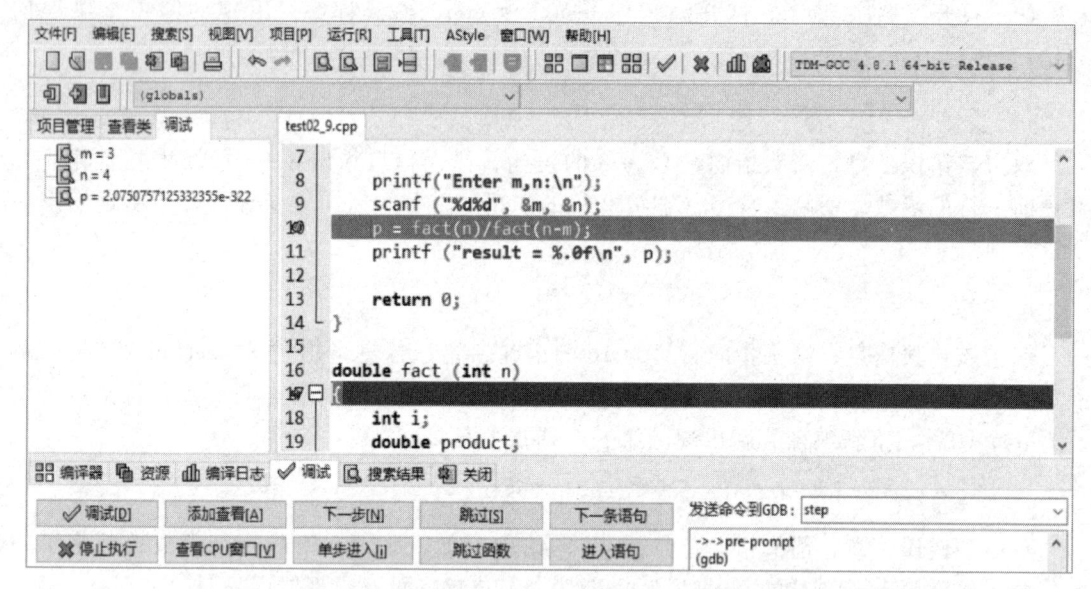

图 2.20 进入函数 fact( )进行调试，观察变量的值

虽然"下一步"按钮和"单步进入"按钮都是单步执行，但两者是有区别的：如果下一行是对函数的调用，则"下一步"会一步执行完该函数，并进入函数；而"单步进入"则会进入该函数。因此，如果怀疑某个函数定义有错误时，应用"单步进入"命令进入该函数调试。

添加查看变量 product，继续单击"下一步"按钮，发现其值为 0（如图 2.21 所示），原因在于第 21 行对 product 错误赋值 0，应改为赋值 1。此处错误导致函数 fact( )的返回值为零，在第 10 行计算 p 值的赋值表达式中，赋值号右侧算术表达式的分母为零，使变量 p 的值不正常。

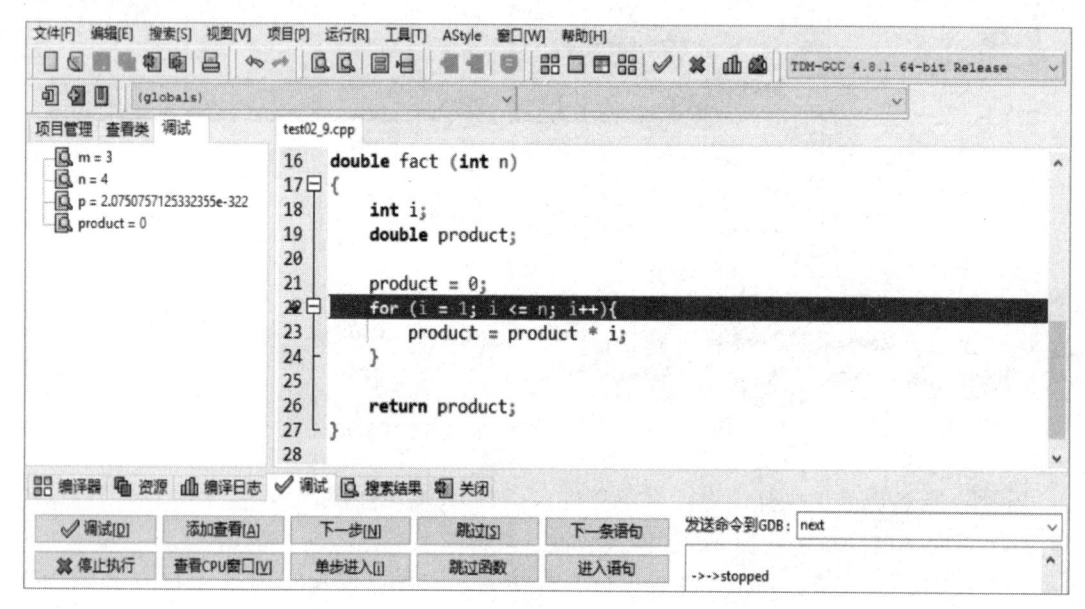

图 2.21 单步调试函数 fact( )，观察变量的值

单击"停止执行"按钮，结束本次调试。改正错误后重新编译和连接，没有出现错误信息。

（5）运行。运行程序，结果与题目要求的一致。调试完成。

二、基础编程题

（1）生成 3 的乘方表：输入一个正整数 n，生成一张 3 的乘方表，输出 3^0 到 3^n 的值，可以调用幂函数计算 3 的乘方。试编写相应程序。

输入输出示例

```
Enter n: 3
pow(3, 0) = 1
pow(3, 1) = 3
pow(3, 2) = 9
pow(3, 3) = 27
```

（2）求平方根序列前 n 项和：输入一个正整数 n，计算 $1+\sqrt{2}+\sqrt{3}+\cdots+\sqrt{n}$ 的值（保留 2 位小数）。可包含头文件 math.h，并调用函数 sqrt( ) 求平方根。

输入输出示例

```
Enter n: 10
sum = 22.47
```

（3）求组合数：根据下列公式可以算出从 n 个不同元素中取出 m 个元素（m≤n）的组合数。输入两个正整数 m 和 n（m≤n），计算并输出组合数。要求定义和调用函数 fact(n) 计算 n!，函数类型是 double。

$$C_n^m = \frac{n!}{m!(n-m)!}$$

输入输出示例

```
Enter m: 2
Enter n: 7
result = 21
```

三、改错题

简单实现 x 的 n 次方：输入实数 x 和正整数 n，要求定义和调用函数 mypow(x, n) 计算 x^n。（源程序 test02_10.cpp）

输入输出示例（运行 2 次）

示例 1：
```
Enter x, n: 3.2 3
result = 32.768000
```
示例 2：
```
Enter x, n: 0.24 4
result = 0.003318
```

源程序（有错误的程序）

```
1      #include <stdio.h>
2      double mypow(double x, int n)
3      int main(void)
4      {
5          int n;
6          double result, x;
7
8          printf("Enter x, n:");
9          scanf("%lf%d", &x, &n);
10         result = mypow(x, n);
11         printf("result = %f\n", result);
12
13         return 0;
14     }
15     int mypow(double x, int n);
16     {
17         int i;
18         double result;
19
20         result = 1;
21         for(i = 1; i <= n; i++){
22             result = result * i;
23         }
24
25         return result;
26     }
```

（1）打开源程序 test02_10.cpp，对程序进行编译，显示 _____ 个 [Error]。采用每次修改第一个错误并重新编译的方法，逐次记录第一个错误信息、分析出错原因并给出正确的语句。

错误信息 1：_____

出错原因：_____

正确语句：_____

错误信息 2：_____

出错原因：_____

正确语句：_____

错误信息 3：_____

出错原因：_____

正确语句：_____

(2) 改正错误后再次进行编译和连接,没有出现错误信息。
(3) 运行程序,结果与题目给出的输入输出示例_____(一致/不一致)。
(4) 若不一致,请模仿调试示例中的方法调试程序,并简要说明你的查错方法,指出错误的位置并给出正确语句。
方法:_____

_____

_____

错误行号:_____ 正确语句:_____

四、拓展编程题

(1) 求幂之和:输入一个正整数 n,求下列式子的和,可以调用函数 pow( )求幂。

$$sum = 2^1 + 2^2 + 2^3 + \cdots + 2^n$$

输入输出示例

```
Enter n: 5
sum = 62
```

(2) 求阶乘序列前 n 项和:输入一个正整数 n,求 $s = 1! + 2! + \cdots + n!$ 的值。要求定义和调用函数 fact(n)计算 n!,函数类型是 double。

输入输出示例

```
Enter n: 5
s = 153
```

【实验结果与分析】

将源程序、运行结果和分析以及实验中遇到的问题和解决问题的方法写在实验报告上。

实验 3 分支结构程序设计

【实验目的】

(1) 能正确使用关系表达式和逻辑表达式描述条件。
(2) 能使用嵌套的 if 语句、switch 语句实现多分支结构程序设计。
(3) 掌握程序调试的常用方法——设置断点和单步跟踪,能调试多分支结构程序。

【实验内容】

一、调试示例

统计 MOOC 证书:学生修读程序设计 MOOC,60 分及以上获得合格证书,85 分及以上获得优秀证书,不到 60 分则没有证书。输入一个非负整数 n,再输入 n 个学生的 MOOC

成绩，统计优秀、合格证书的数量，以及没有获得证书的数量。（源程序 test03_1.cpp）

源程序（有错误的程序）

```c
1    #include <stdio.h>
2    int main(void)
3    {
4        int cnt_a, cnt_f, cnt_p, i, n, score;      /* score 存放输入的成绩 */
5        /* cnt_a 记录优秀证书数量，cnt_f 记录没有证书的数量，cnt_p 记录及格证书
              数量 */
6
7        printf("Enter n(n>0):");                    /* 提示输入学生人数 n */
8        scanf("%d", &n);
9        cnt_a=cnt_p=cnt_f=0;                        /* 置存放统计结果的 3 个变量的初值为零 */
10       for(i=1; i<=n; i++){
11           scanf("%d", &score);                    /* 输入第 i 个成绩 */
12           if(score>=60){                          /* 统计合格证书的数量 */
13               cnt_p++;
14           }else(score>=85){                       /* 统计优秀证书的数量 */
15               cnt_a++;
16           }else{                                  /* 统计没有证书的数量 */
17               cnt_f++;
18           }
19       }
20       printf("%d %d %d\n", cnt_a, cnt_p, cnt_f);
21
22       return 0;
23   }
```

运行结果（改正后程序的运行结果）

```
Enter n(n>0): 5
85 59 86 60 45
2 1 2
```

（1）打开文件并编译。打开源程序 test03_1.cpp，编译程序，出现的第一个错误信息是：

```
expected ';' before '{' token
```

双击错误信息，源程序中的箭头位置指向第 14 行，分析错误原因，else 后缺少 if。改正后重新编译，没有出现错误信息。

（2）运行。运行程序，输入以下测试数据，结果不正确，说明程序有逻辑错误，需要通过调试找出错误并改正。

```
Enter n(n>0): 5
```

```
85 59 86 60 45
0 3 2
```

（3）调试。在第 12 行设置断点，单击按钮 ✓ ，输入数据，程序运行到断点所在的语句行。在变量窗口中添加查看变量 cnt_a、cnt_f、cnt_p 和 score，score 的值为 85，说明第一个数据输入正确，其余 3 个用于计数的变量都为 0，说明其值已正确清零（如图 3.1 所示）。单击"下一步"按钮，运行第 13 行后，cnt_p 的值为 1，cnt_a 的值仍然为 0，且本轮循环结束，进入下一轮循环（如图 3.2 所示），说明对 85 分的统计有错误。继续单击"下一步"按钮，观察变量的值，记录错误现场，直到循环结束。

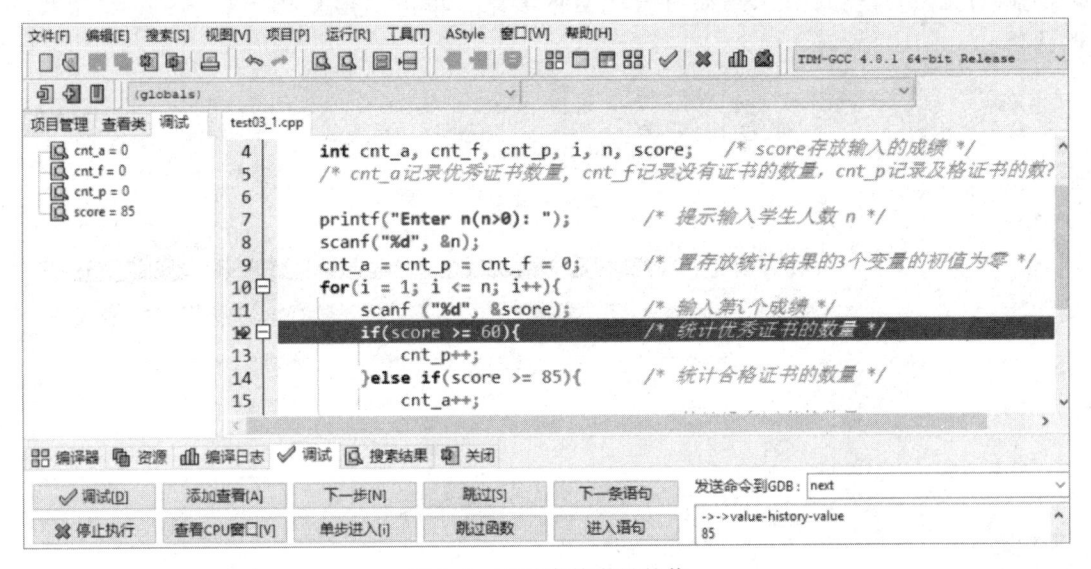

图 3.1　查看当前变量的值

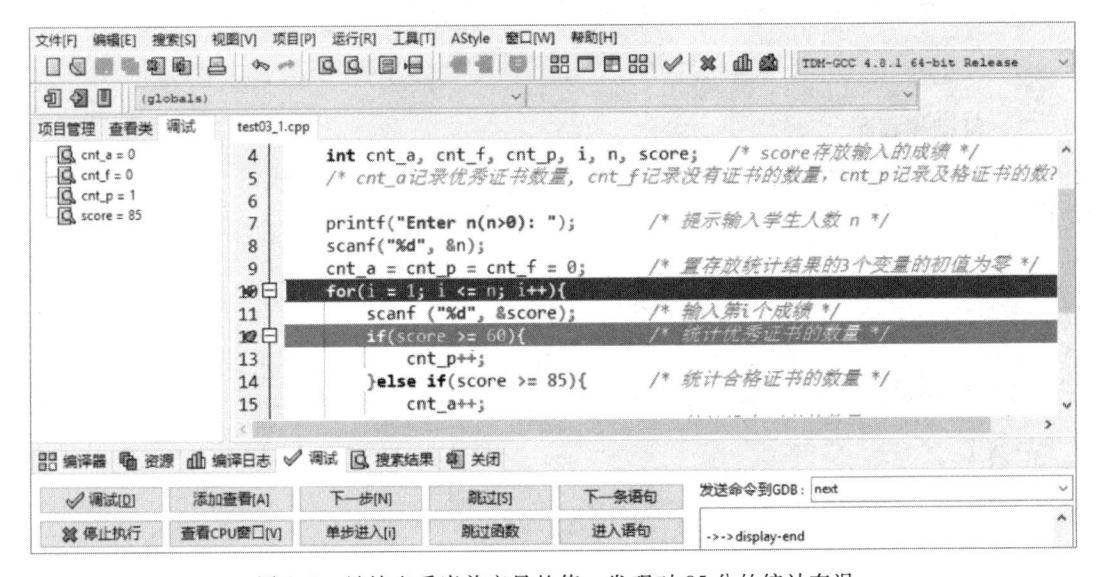

图 3.2　继续查看当前变量的值，发现对 85 分的统计有误

仔细分析 else-if 语句，当 score 为 85、86 时，满足第 12 行 if 条件，故执行第 13 行，

cnt_p 增 1，其余分支不再执行；而执行第 15 行 cnt_a++；需要同时满足条件 score<60 和 score>=85，此条件恒为假，故 cnt_a++；永远不会被执行。问题出在 else-if 语句中条件的排列顺序不对，导致逻辑性错误，应该按照 if(score>=85)、else if(score>=60)的顺序调整第 12~15 行代码。

单击"停止执行"按钮，结束本次调试。改正上述错误后重新编译，没有出现错误信息。

（4）再次运行。运行程序，结果符合题目的要求。调试完成。

（5）建议再次调试。重复第（3）步，观察到各变量的值均正确（如图 3.3 所示），程序运行到最后，运行窗口显示结果符合题目的要求，单击"停止执行"按钮，结束程序调试。

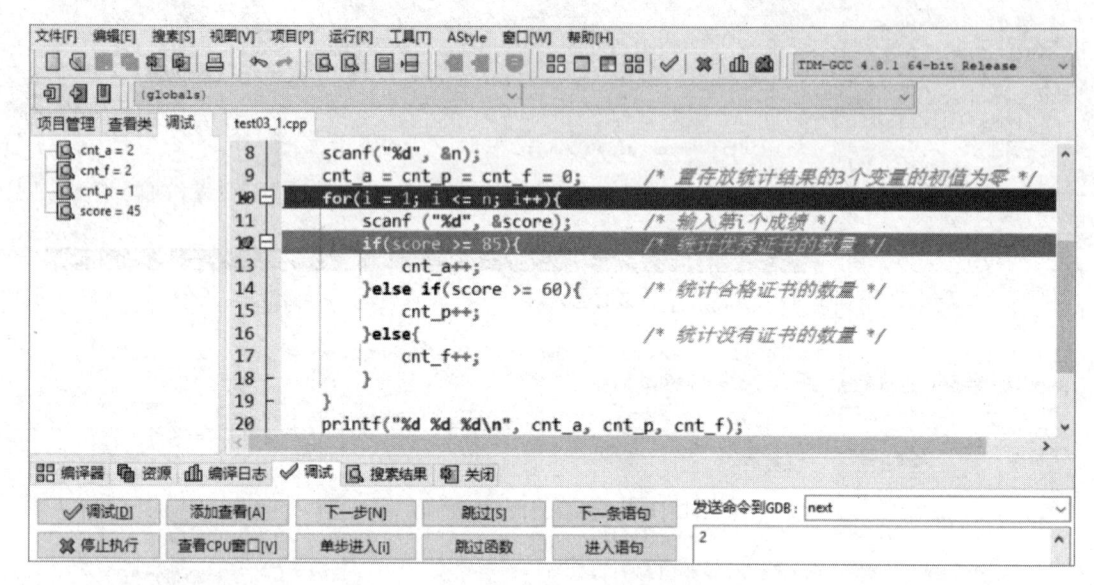

图 3.3 改正错误后查看当前变量的值

二、基础编程题

（1）计算符号函数的值：输入 x，计算并输出下列分段函数 sign(x)的值。试编写相应程序。

$$y = \text{sign}(x) = \begin{cases} -1 & x<0 \\ 0 & x=0 \\ 1 & x>0 \end{cases}$$

输入输出示例（运行 3 次）

示例 1：
```
Enter x: 10
sign(10)=1
```

示例 2：
```
Enter x: 0
sign(0)=0
```

示例 3：

```
Enter x: -98
sign(-98)=-1
```

（2）比较大小：输入 3 个整数 n1、n2 和 n3，将这 3 个数按从小到大的顺序输出。试编写相应程序。

输入输出示例

```
Enter n1, n2, n3: 4 2 8
2->4->8
```

（3）统计英文字母、空格或换行、数字字符：输入一个正整数 n，再输入 n 个字符，统计其中英文字母、空格或回车、数字字符和其他字符的个数。试编写相应程序。

输入输出示例

```
Enter n: 15
Reold 123?45678
letter=5
blank=1
digit=8
other=1
```

（4）查询水果价格：有苹果（apple）、梨（pear）、橘子（orange）和葡萄（grape）4 种水果，单价分别是 3.00 元/千克，2.50 元/千克，4.10 元/千克和 10.20 元/千克。在屏幕上显示以下菜单（编号和选项），用户可以连续查询水果的单价，当查询次数超过 5 次时，自动退出查询；不到 5 次时，用户可以选择退出。用户输入编号 choice，输入 1~4，显示相应水果的单价（保留 1 位小数）；输入 0，退出查询；输入 0~4 之外的其他编号，显示价格为 0。试编写相应程序。

```
[1] apple
[2] pear
[3] orange
[4] grape
[0] exit
```

输入输出示例（括号内为文字说明）

```
Enter choice: 3 0   （输入编号 3 和退出标志 0）
price=4.1
```

（5）计算个人所得税：假设个人所得税为：税率×(工资-1 600)。请编写程序计算应缴的所得税，其中税率定义为：
- 当工资不超过 1 600 时，税率为 0；
- 当工资在区间(1 600, 2 500]时，税率为 5%；
- 当工资在区间(2 500, 3 500]时，税率为 10%；
- 当工资在区间(3 500, 4 500]时，税率为 15%；

- 当工资超过 4 500 时，税率为 20%。

输入输出示例（运行 5 次）

示例 1：
```
Enter salary: 1600
Tax=0.00
```

示例 2：
```
Enter salary: 1601
Tax=0.05
```

示例 3：
```
Enter salary: 3000
Tax=140.00
```

示例 4：
```
Enter salary: 4000
Tax=360.00
```

示例 5：
```
Enter salary: 5000
Tax=680.00
```

（6）统计学生成绩：输入一个正整数 n，再输入 n 个学生的百分制成绩，统计各等级成绩的个数。成绩等级分为五级，分别为 A（90~100）、B（80~89）、C（70~79）、D（60~69）和 E（0~59）。试编写相应程序。

输入输出示例（括号内为文字说明）

```
Enter n: 7
Enter scores: 77 54 92 73 60 65 69
1 0 2 3 1         (A级1人，B级0人，C级2人，D级3人，E级1人)
```

三、改错题

输出三角形面积和周长：输入三角形的 3 条边 a、b、c，如果能构成一个三角形，输出面积 area 和周长 perimeter（保留 2 位小数）；否则，输出 "These sides do not correspond to a valid triangle"。（源程序 test03_2.cpp）

在一个三角形中，任意两边之和大于第 3 边。三角形面积计算公式：

$$area = \sqrt{s(s-a)(s-b)(s-c)}$$

其中，s=（a+b+c）/ 2。

输入输出示例（运行 2 次）

示例 1：
```
Enter 3 sides of the triangle: 5  5  3
area=7.15; perimeter=13.00
```

示例 2：
```
Enter 3 sides of the triangle: 1  4  1
These sides do not correspond to a valid triangle
```

源程序(有错误的程序)

```
1       #include <stdio.h>
2       #include <math.h>
3       int main(void)
4       {
5           double a, b, c;
6           double area, perimeter, s;
7
8           printf("Enter 3 sides of the triangle:");
9           scanf("%lf%lf%lf", &a, &b, &c);
10
11          if(a+b>c || b+c>a || a+c>b)
12              s=(a+b+c)/2;
13              area=sqrt(s*(s-a)*(s-b)*(s-c));
14              perimeter=a+b+c;
15              printf("area=%.2f; perimeter=%.2f\n", area, perimeter);
16          else
17              printf("These sides do not correspond to a valid triangle\n");
18
19          return 0;
20      }
```

(1) 打开源程序 test03_2.cpp，编译后共有_____个[Error]，双击第一个错误，观察源程序中的箭头位置，记录错误信息，分析出错原因并给出正确的语句。

错误信息：_____

出错原因：_____

正确语句：_____

(2) 改正上述错误后，再次编译共有_____个[Error]，双击第一个错误，观察源程序中的箭头位置，记录错误信息，分析出错原因并给出正确的语句。

错误信息：_____

出错原因：_____

正确语句：_____

(3) 改正上述两个错误后，再次进行编译和连接，没有出现错误信息。

(4) 运行程序。

第 1 次运行：输入测试数据 5 5 3，运行结果为_____，与题目要求的_____(一致/不一致)。

第 2 次运行：输入测试数据 1 4 1，运行结果为_____，与题目要求的_____(一致/不一致)。

(5) 若不一致，请模仿调试示例中的方法调试程序，并简要说明你的方法，指出错误的位置并给出正确语句。

方法：_____

_____

_____

错误行号：_____   正确语句：_____

四、拓展编程题

（1）三天打鱼两天晒网：中国有句俗语叫"三天打鱼两天晒网"。假设某人从某天起，开始"三天打鱼两天晒网"，问这个人在以后的第 n 天中是"打鱼"还是"晒网"？试编写相应程序。

输入输出示例（运行 2 次）

示例 1：

  Enter n: <u>103</u>

  Fishing in day 103

示例 2：

  Enter n: <u>34</u>

  Drying in day 34

（2）计算油费：假设现在 90 号汽油 6.95 元/升、93 号汽油 7.44 元/升、97 号汽油 7.93 元/升。为吸引顾客，某自动加油站推出了"自助服务"和"协助服务"两种方式，分别可得到 5% 和 3% 的折扣。请编写程序，输入顾客的加油量 a，汽油品种 b（90、93 或 97）和服务类型 c（m 为自助服务，e 为协助服务），计算并输出应付款（保留小数点后 2 位）。试编写相应程序。

输入输出示例（运行 2 次）

示例 1：

  Enter a, b, c: <u>40 97 m</u>

  301.34

示例 2：

  Enter a, b, c: <u>30 90 e</u>

  202.25

（3）求一元二次方程的根：输入参数 a、b、c，求一元二次方程 $ax^2+bx+c=0$ 的根。

① 如果方程有两个不相等的实数根，则每行输出一个根，先大后小；

② 如果方程有两个不相等复数根，则每行按照格式"实部+虚部 i"输出一个根，先输出虚部为正的，后输出虚部为负的；

③ 如果方程只有一个根，则直接输出此根；

④ 如果系数都为 0，则输出"Zero Equation"；

⑤ 如果 a 和 b 为 0，c 不为 0，则输出"Not An Equation"。

输入输出示例（运行 5 次）

示例 1：

  Enter a, b, c: <u>2.1 8.9 3.5</u>

```
        -0.44
        -3.80
```
示例 2：
```
    Enter a, b, c: 1 2 3
    -1.00+1.41i
    -1.00-1.41i
```
示例 3：
```
    Enter a, b, c: 0 2 4
    -2.00
```
示例 4：
```
    Enter a, b, c: 0 0 0
    Zero Equation
```
示例 5：
```
    Enter a, b, c: 0 0 1
    Not An Equation
```

【实验结果与分析】

将源程序、运行结果和分析以及实验中遇到的问题和解决问题的方法写在实验报告上。

实验 4　循环结构程序设计

4.1　基本循环语句的使用

【实验目的】

(1) 能正确使用 for、while 和 do-while 语句实现循环结构程序设计。
(2) 理解循环条件和循环体，以及 for、while 和 do-while 语句的相同及不同之处。
(3) 能正确使用 break 和 continue 语句实现循环控制。
(4) 掌握程序调试的常用方法——设置断点和单步跟踪，能调试循环结构程序。

【实验内容】

一、调试示例

统计数字字符、空格的个数：输入一行字符，分别统计出其中数字字符、空格和其他字符的个数。要求使用 switch 语句编写。（源程序 test04_1.cpp）

源程序

```
1       #include <stdio.h>
2       int main(void)
3       {
```

```
 4           int blank, digit, other;       /*定义3个变量分别存放统计结果*/
 5           char ch;
 6
 7           blank=digit=other=0;            /*置存放统计结果的3个变量的初值为零*/
 8           ch=getchar();                   /*输入一个字符*/
 9           while(ch=='\n'){                /*调试时设置断点1*/
10               switch(ch){
11                   case '0': case '1': case '2': case '3': case '4':
12                   case '5': case '6': case '7': case '8': case '9':
13                       digit++;
14                       break;
15                   case ' ':
16                       blank++;
17
18                   default:                /*调试时设置断点2*/
19                       other++;
20                       break;
21               }
22
23           }
24           printf("blank=%d, digit=%d, other=%d\n", blank, digit, other);
25
26           return 0;
27       }
```

运行结果（改正后程序的运行结果）

<u>Reold 12 or 45↙</u>
blank=3, digit=4, other=8

（1）打开文件并编译。打开源程序 test04_1.cpp，对程序进行编译和连接，没有出现错误信息。

（2）运行。运行程序，输入如下测试数据，结果出错，说明程序有逻辑错误，需要通过调试找出错误并改正。

<u>Reold 12 or 45↙</u>
blank=0, digit=0, other=0

（3）调试。

① 设置两个断点，具体位置见源程序的注释。

② 单击按钮 ✓，输入测试数据，程序执行到第一个断点处。在变量窗口中添加查看变量 blank、digit、other 和 ch，3 个用于存放统计结果的变量都为 0，说明其值已正确清零；ch 的值为 "R"，说明第一个字符输入正确。单击 "下一步" 按钮，程序跳出循环，直接运行到第 24 行（如图 4.1 所示），说明问题可能出在循环条件上。仔细分析第 9 行，发现条件写错了，应改为 ch!='\n'。

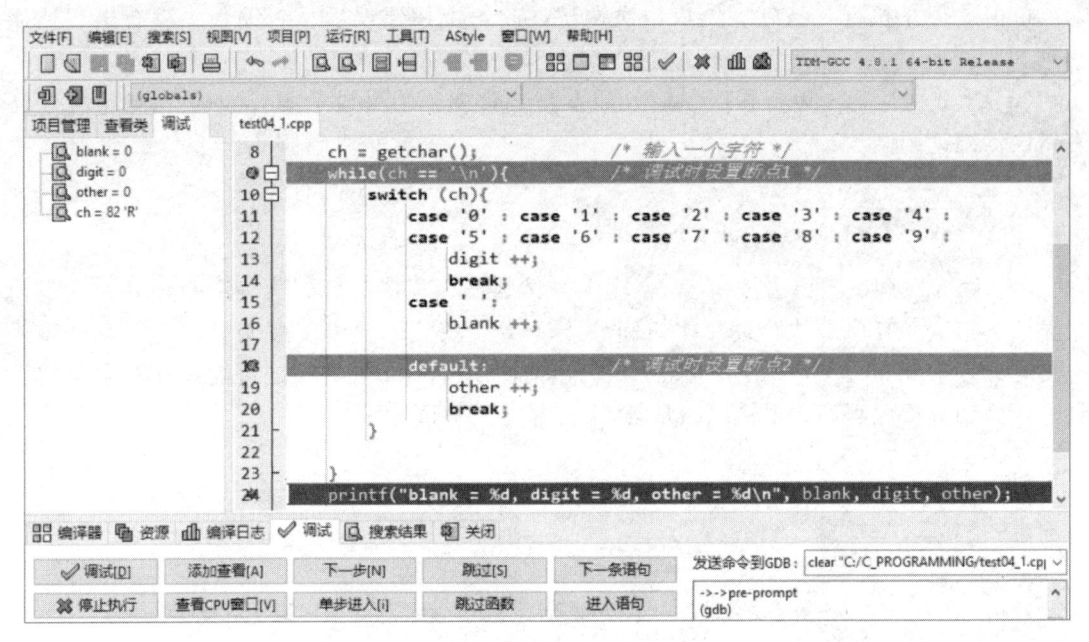

图 4.1 查看变量值，跳出循环

③ 单击"停止执行"按钮，结束本次调试。改正上述错误后重新编译，没有出现错误信息。

（4）再次运行。运行程序，输入测试数据，陷入死循环，出错了，还要继续调试。

（5）再次调试。单击按钮 ✓，输入测试数据，程序执行到第一个断点处，反复单击"跳过"按钮，观察到 other 的值在增加，但是 ch 的值保持不变（如图 4.2 所示），说明问题可能出在输入上。仔细分析源程序，发现第 22 行漏写了 ch = getchar( ); 。

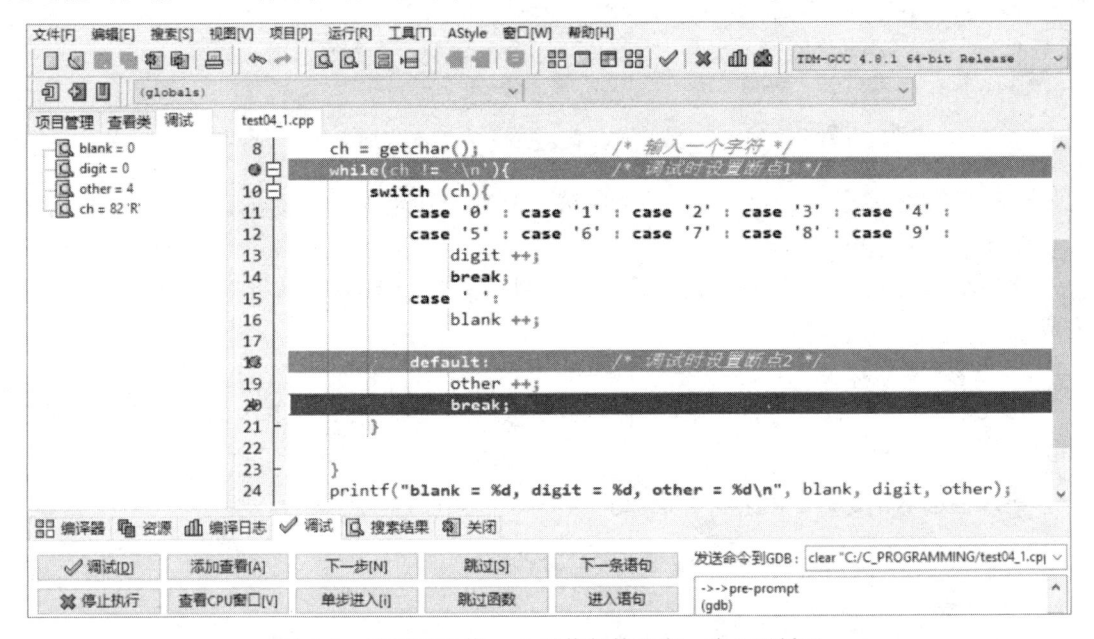

图 4.2 查看变量值，ch 的值保持不变，陷入死循环

单击"停止执行"按钮，结束本次调试。改正上述错误后重新编译，没有出现错误信息。

（6）第 3 次运行。运行程序，输入如下测试数据，结果显示 other 的值出错，程序还有错误，继续调试。

```
Reold 12 or 45T
blank=3, digit=4, other=11
```

（7）第 3 次调试。单击按钮 ✓，输入测试数据，程序执行到第一个断点处，变量窗口显示正常，反复单击"跳过"按钮和"下一步"按钮，同步观察变量的值，发现输入空格时，除了 blank，other 的值也累加了（如图 4.3 所示），说明问题可能出在对空格的统计上。仔细分析源程序，出错原因是第 17 行漏写了"break;"。

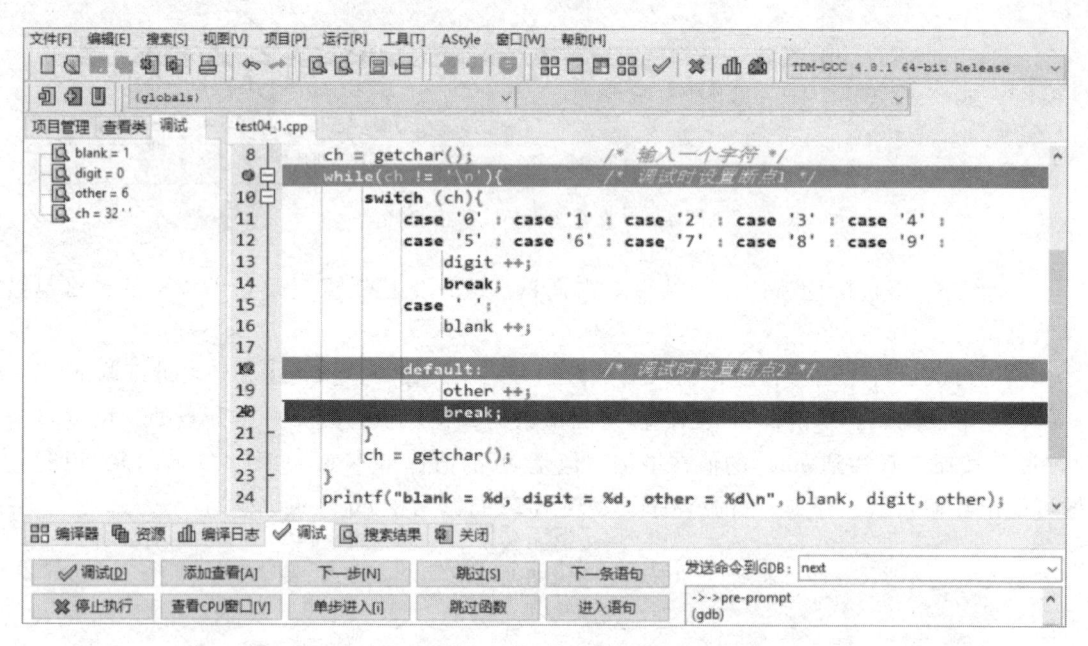

图 4.3　查看变量值，空格被 other 累加了

单击"停止执行"按钮，结束本次调试。改正上述错误后重新编译，没有出现错误信息。

（8）第 4 次运行。运行程序，输入以上测试数据，输出结果符合题目要求。调试完成。

二、基础编程题

（1）求奇数和：读入一批正整数（以零或负数为结束标志），求其中的奇数和。请使用 while 语句实现循环。

输入输出示例（括号内为文字说明）

```
1 3 90 7 0   （输入 4 个正整数和输入结束标志 0）
sum=11
```

（2）求整数的位数以及各位数字之和：输入一个整数 number，求它的位数以及各位数字之和。例如，123 的位数是 3，各位数字之和是 6。试编写相应程序。

输入输出示例（括号内为文字说明）

    Enter a number：<u>23456</u>
    5 20   （23456 的位数是 5，各位数字之和是 20）

（3）找出最小值：输入一个正整数 n，再输入 n 个整数，输出最小值。试编写相应程序。

输入输出示例

    Enter n：<u>4</u>
    Enter 4 numbers：<u>-2 -123 100 0</u>
    min=-123

（4）统计素数并求和。输入两个正整数 m 和 n（1≤m≤n≤500），统计给定整数 m 和 n 区间内素数的个数并对它们求和。

输入输出示例（括号内为文字说明）

    Enter m, n：<u>10 31</u>
    7 143   （区间内有 7 个素数，其和为 143）

（5）求分数序列前 n 项和：输入一个正整数 n，输出 2/1+3/2+5/3+8/5+… 的前 n 项之和（该序列从第二项起，每一项的分子是前一项分子与分母的和，分母是前一项的分子），保留 2 位小数。试编写相应程序。

输入输出示例

    Enter n：<u>20</u>
    sum=32.66

（6）特殊 a 串数列求和：输入两个正整数 a 和 n，求 a+aa+aaa+aa…a（n 个 a）之和。试编写相应程序。

输入输出示例（括号内为文字说明）

    Enter a, n：<u>2 3</u>
    s=246   （2+22+222=246）

三、改错题

求给定精度的简单交错序列部分和：输入一个正实数 eps，计算并输出下式的值，精确到最后一项的绝对值不大于 eps（保留 6 位小数）。请使用 do-while 语句实现循环。（源程序 test04_2.cpp）

$$s = 1 - \frac{1}{4} + \frac{1}{7} - \frac{1}{10} + \frac{1}{13} - \frac{1}{16} + \cdots$$

输入输出示例

    Enter eps：<u>4E-2</u>
    sum=0.854457

源程序（有错误的程序）

```
行号    源程序
1       #include <stdio.h>
2
3       int main(void)
4       {
5           int denominator, flag;
6           double eps, item, sum;
7
8           flag=1;
9           denominator=1;
10          sum=0;
11          printf("Enter eps:");
12          scanf("%lf", &eps);
13          do{
14              item=flag/denominator;
15              sum=sum+item;
16              flag=-flag;
17              denominator=denominator+3;
18          }while(item<eps);
19          printf("sum=%.6f\n", sum);
20
21          return 0;
22      }
```

（1）打开源程序 test04_2.cpp，对程序进行编译，没有出现错误信息。

（2）运行程序，输入测试数据 1E-4，运行结果为_____，与题目要求的_____（一致/不一致）。

（3）若不一致，请模仿调试示例中的方法调试程序，并简要说明你的方法，指出错误的位置并给出正确语句。

方法：_____

_____

_____

错误行号：_____ 正确语句：_____

错误行号：_____ 正确语句：_____

错误行号：_____ 正确语句：_____

四、拓展编程题

（1）猜数字游戏：先输入 2 个 100 以内的正整数 mynumber（被猜数）和 n（猜测的最大次数），用户再输入一个数 yournumber，编写程序实现其与被猜数的自动比较，并提示大了（"Too big"），还是小了（"Too small"），相等表示猜到了。如果猜到，则结束程序。程序还要求统计猜的次数，如果 1 次猜出该数，提示"Bingo!"；如果 3 次以内猜到该数，则提示"Lucky You!"；如果超过 3 次但是在 n(>3)次以内(包括第 n 次)猜到该数，则提示"Good Guess!"；如果超过 n 次都没有猜到，则提示"Game Over"，并结束程序。如果在到达 n 次之前，用户输入了一个负数，也输出"Game Over"，并结束程序。试编写相应程序。

输入输出示例

```
Enter mynumber, n: 58 4
Enter yournumber: 70
Too big
Enter yournumber: 50
Too small
Enter yournumber: 56
Too small
Enter yournumber: 58
Good Guess!
```

(2) 兔子繁衍问题：一对兔子，从出生后第 3 个月起每个月都生一对兔子。小兔子长到第 3 个月后每个月又生一对兔子。假如兔子都不死，请问第 1 个月出生的一对兔子，至少需要繁衍到第几个月时兔子总数才可以达到 n 对？输入一个不超过 10 000 的正整数 n，输出兔子总数达到 n 对最少需要的月数 m。试编写相应程序。

输入输出示例

```
Enter n: 30
m = 9
```

(3) 高空坠球：皮球从 height 米的高度自由落下，触地后反弹到原高度的一半，再落下，再反弹，如此反复。皮球在第 n 次落地时，在空中经过的路程是多少米？第 n 次反弹的高度是多少？输出保留 1 位小数。试编写相应程序。

输入输出示例（括号内为文字说明）

```
Enter height: 10
Enter n: 2
20.0           （第 2 次落地的路程）
2.5            （第 2 次反弹高度为 2.5 米）
```

(4) 黑洞数：黑洞数也称为陷阱数，又称"Kapreka 问题"，是一类具有奇特转换特性的数。任何一个数字不全相同的三位数，经有限次"重排求差"操作(即组成该数的数字重排后的最大数减去重排后的最小数)，总会得到 495。最后所得的 495 即为三位黑洞数(6 174 为四位黑洞数)。

例如，对三位数 207：

第 1 次重排求差得：720−27=693；

第 2 次重排求差得：963−369=594；

第 3 次重排求差得：954−459=495。

以后会停留在495这一黑洞数。如果三位数的3个数字全相同，一次转换后即为0。输入一个三位数n，编程给出重排求差的过程。

输入输出示例

```
Enter n: 123
1: 321-123=198
2: 981-189=792
3: 972-279=693
4: 963-369=594
5: 954-459=495
```

【实验结果与分析】

将源程序、运行结果和分析以及实验中遇到的问题和解决问题的方法写在实验报告上。

4.2 嵌套循环

【实验目的】

（1）能实现嵌套循环程序设计。
（2）掌握程序调试的常用方法——设置断点和单步跟踪，能调试嵌套循环结构程序。

【实验内容】

一、调试示例

求e的近似值：输入一个正整数n，计算下式的和（保留4位小数），要求使用嵌套循环。（源程序test04_3.cpp）

$$e = 1 + \frac{1}{1!} + \frac{1}{2!} + \frac{1}{3!} + \cdots + \frac{1}{n!}$$

源程序（有错误的程序）

```
1    #include <stdio.h>
2    int main(void)
3    {
4        double e, item;
5        int i, j, n;
6
7        printf("Enter n:");
8        scanf("%d", &n);
9        e=0;
10       item=1;
11       for(i=1; i<=n; i++){
12
13           for(j=1; j<=n; j++)
```

```
14                item=item*j;
15             e=e+1.0/item;              /*调试时设置断点1*/
16         }
17         printf("e=%.4f\n", e);          /*调试时设置断点2*/
18
19         return 0;
20     }
```

运行结果（改正后程序的运行结果）

```
Enter n: 10
e=2.7183
```

（1）打开文件并编译。打开源程序 test04_3.cpp，对程序进行编译，没有出现错误信息。

（2）运行。运行程序，输入以上测试数据，结果错误，说明程序有逻辑错误，需要通过调试找出错误并改正。

（3）调试。

① 设置第一个断点，具体位置见源程序的注释。

② 单击按钮 ✓，输入 10，程序运行到断点处，单击"添加查看"按钮，分别输入观察量 i、j、item，在调试观察窗口中，变量 i=1，说明应该求 1!，但变量 item=3628800，且变量 j=11，结果显然错误（如图 4.4 所示）。仔细分析求阶乘的循环（内循环），发现第 13 行 for 语句中"j<=n"错误，应改为"j<=i"。

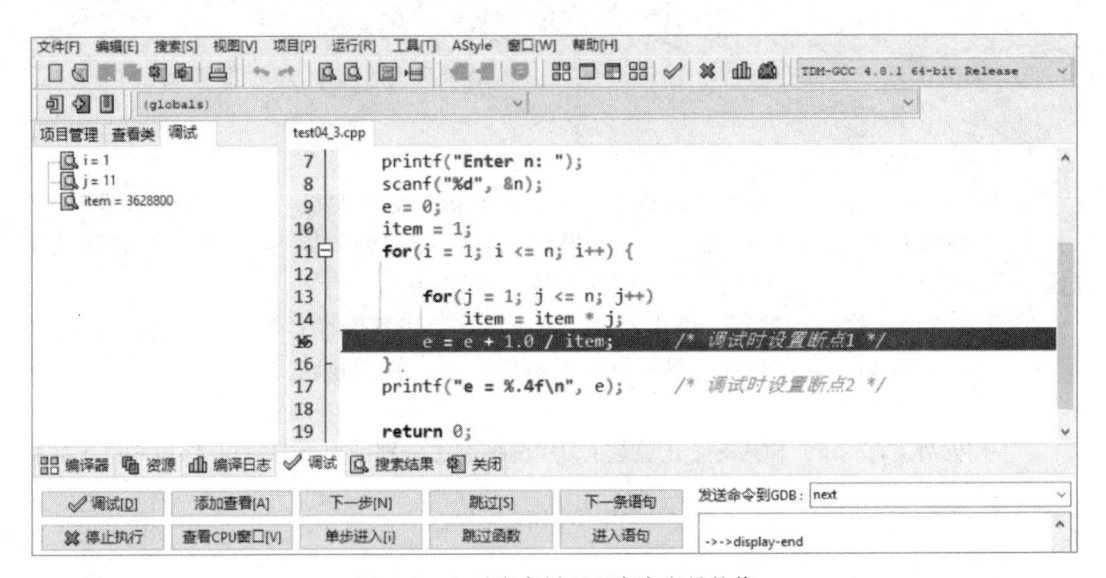

图 4.4 查看嵌套循环程序中变量的值

③ 单击"停止执行"按钮，结束本次调试。改正上述错误后重新编译，没有出现错误信息。

（4）再次运行。运行程序，输入测试数据，结果仍然错误，需要继续调试。

（5）再次调试。

① 单击按钮 ✓，输入 10，程序运行到断点处，变量值显示正确。

②单击"跳过"按钮,程序再次运行到断点处,显示变量 item = 2,为 2 的阶乘,正确。再次单击"跳过"按钮(如图 4.5 所示),显示变量 item = 12,但 3 的阶乘应该为 6,出错了。仔细分析程序,变量 item 赋初值语句位置错误,应将第 10 行代码移至第 12 行。

☞ 对嵌套循环初始化时,一定要分清内外层循环。

③单击"停止执行"按钮,停止调试。改正错误后重新编译,没有出现错误信息。

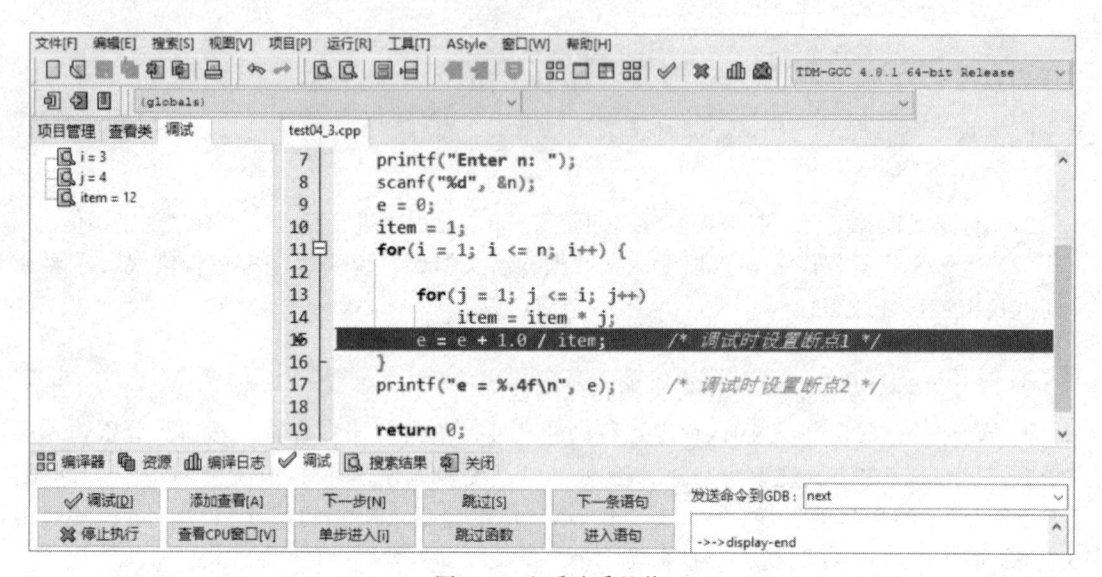

图 4.5 查看阶乘的值

(6)第 3 次运行。运行程序,输入测试数据,结果还是出错,还要继续调试。

(7)第 3 次调试。

①取消第一个断点,设置第二个断点。

②单击按钮 ✓,程序运行到断点处,调试观察窗口显示变量 e = 1.718 3(保留 4 位小数)。与正确结果相差 1,仔细分析程序,发现题目给出的公式共有 11 项,而循环从 1!开始计算,少了首项的 1。因此,第 9 行代码应改为"e = 1;"。

③单击"停止执行"按钮,停止调试,修改错误,重新编译,没有出现错误信息。

(8)第 4 次运行。运行程序,结果符合题目的要求。调试完成。

二、基础编程题

(1)用两种方法求 e:输入一个正整数 n,用两种方法分别计算下式的和(保留 4 位小数)。

$$e = 1 + \frac{1}{1!} + \frac{1}{2!} + \frac{1}{3!} + \cdots + \frac{1}{n!}$$

①使用一重循环,不使用自定义函数。
②定义和调用函数 fact(n)计算 n 的阶乘。

输入输出示例

```
Enter n: 10
2.7183
```

思考:本题可以采用 3 种方法编程,即一重循环、使用函数和嵌套循环,你认为这些方法的优点和缺点是什么？你擅长用哪种方法编程？

（2）换硬币：将一笔零钱 m（大于 8 分，小于 1 元，精确到分）换成 5 分、2 分和 1 分的硬币组合，要求每种硬币至少有一枚，有几种不同的换法？要求按硬币面值为 5 分、2 分和 1 分的顺序输出硬币数量。试编写相应程序。

输入输出示例（括号内为文字说明）

```
Enter m: 13          （零钱为 13 分）
fen5: 2, fen2: 1, fen1: 1, total: 4
fen5: 1, fen2: 3, fen1: 2, total: 6
fen5: 1, fen2: 2, fen1: 4, total: 7
fen5: 1, fen2: 1, fen1: 6, total: 8
count = 4
```

（3）输出三角形字符阵列图形：输入一个正整数 n（1≤n<7），输出 n 行由大写字母 A 开始构成的三角形字符阵列图形。试编写相应程序。

输入输出示例

```
Enter n: 4
A B C D
E F G
H I
J
```

（4）输出整数各位数字：输入一个整数 number，从高位开始逐位分割并输出它的各位数字。试编写相应程序。

输入输出示例

```
Enter a number: 123456
1 2 3 4 5 6
```

（5）梅森数：形如 2^n-1 的素数称为梅森数（Mersenne Number）。例如 $2^2-1=3$、$2^3-1=7$ 都是梅森数。1722 年，双目失明的瑞士数学大师欧拉证明了 $2^{31}-1=2\ 147\ 483\ 647$ 是一个素数，堪称当时世界上"已知最大素数"的一个记录。输入一个正整数 n（n<20），输出所有不超过 2^n-1 的梅森数。试编写相应程序。

输入输出示例

```
Enter n: 6
3
7
31
```

三、改错题

寻找完数：输入 2 个正整数 m 和 n（1<m≤n≤10 000），找出 m 和 n 之间的所有完数，并输出每个完数的因子累加形式的分解式，其中完数和因子均按递增顺序给出；若 m 和 n 之间没有完数，则输出"None"。若一个数恰好等于除自身外的各因子之和，即称其为完数。例

如，6=1+2+3，其中 1、2、3 为 6 的全部因子，6 即为完数。（源程序 test04_4.cpp）

输入输出示例（运行 2 次）

示例 1：

    Enter m, n: 2 30
    6=1+2+3
    28=1+2+4+7+14

示例 2：

    Enter m, n: 200 300
    None

源程序（有错误的程序）

```
1       #include <stdio.h>
2       int main(void)
3       {
4           int flag, i, j, m, n, s;
5
6           printf("Enter m, n:");
7           scanf("%d %d", &m, &n);
8           flag=0;
9           for(i=m; i<=n; i++){
10
11              for(j=1; j<=i/2; j++){
12                  if(i/j==0){
13                      s=s+j;
14                  }
15              }
16              if(i==s){
17                  flag=1;
18                  printf("%d=1", i);
19                  for(j=2; j<=i/2; j++){
20                      if(i/j==0){
21                          printf("+%d", j);
22                      }
23                  }
24                  printf("\n");
25              }
26          }
27          if(flag==0){
28              printf("None\n");
29          }
30
31          return 0;
32      }
```

（1）打开源程序 test04_4.cpp，对程序进行编译，没有出现错误信息。

（2）运行程序，运行结果与题目要求的_____（一致/不一致）

（3）若不一致，请模仿调试示例中的方法调试程序，并简要说明你的方法，指出错误的位置并给出正确语句。

方法：_____
_____
_____
_____

错误行号：_____ 正确语句：_____
错误行号：_____ 正确语句：_____
错误行号：_____ 正确语句：_____

四、拓展编程题

（1）验证哥德巴赫猜想：任何一个大于等于 6 的偶数均可表示为两个素数之和。例如 6＝3+3，8＝3+5，…，18＝5+13。要求将输入的一个偶数 n 表示成两个素数之和。试编写相应程序。

输入输出示例

```
Enter n: 24
24 = 5 + 19
```

（2）水仙花数。输入一个正整数 $n(3 \leqslant n \leqslant 7)$，输出所有的 n 位水仙花数。水仙花数是指一个 n 位正整数（$n \geqslant 3$），它的各位数字的 n 次幂之和等于它本身。例如，153 的各位数字的立方和是 $1^3+5^3+3^3=153$。试编写相应程序。

输入输出示例（括号内为文字说明）

```
Enter n: 3
153        (1³+5³+3³=153)
370        (3³+7³+0³=370)
371        (3³+7³+1³=371)
407        (4³+0³+7³=407)
```

【实验结果与分析】

将源程序、运行结果和分析以及实验中遇到的问题和解决问题的方法写在实验报告上。

实验 5　函数程序设计

【实验目的】

（1）能正确定义和调用函数解决多模块问题。

(2) 掌握程序调试的常用方法——设置断点和单步跟踪进入、跳出函数,能调试多函数的程序。

【实验内容】

一、调试示例

使用函数计算两点间的距离:给定平面任意两点坐标(x1,y1)和(x2,y2),求这两点之间的距离(保留 2 位小数)。要求定义和调用函数 dist(x1,y1,x2,y2)计算两点间的距离。

源程序(有错误的程序)

```
1       #include <stdio.h>
2
3       double dist(double x1, y1, x2, y2);
4       int main(void)
5       {
6           double x1, y1, x2, y2;
7
8           printf("Enter x1, y1, x2, y2:");
9           scanf("%lf%lf%lf%lf", &x1, &y1, &x2, &y2);
10          printf("dist=%.2f\n", dist(x1, x2, y1, y2));
11
12          return 0;
13      }
14      double dist(double x1, y1, x2, y2)
15      {
16          return sqrt((x1-x2)*(x1-x2)+(y1-y2)*(y1-y2));
17      }
```

运行结果(改正后程序的运行结果)

```
Enter x1, y1, x2, y2: 10 10 200 100
dist=210.24
```

(1) 打开文件并编译。打开源程序 test05_1.cpp,对程序进行编译,共有 10 个[Error]。
① 第 1 个错误信息:

```
'y1' has not been declared
```

提示变量 y1 未声明,而且后面几条错误信息也类似。出错原因在于函数定义、声明时,如果形式参数表中包括多个参数,即使这些形参的类型相同,每个形参前面的类型也必须单独写明,而不能像定义普通变量时采用"类型名 变量表"的形式。

将第 3 行和第 14 行的形式参数表改为:

```
double x1, double y1, double x2, double y2
```

② 修改后重新编译,只显示 1 条错误信息:

```
'sqrt' was not declared in this scope
```

提示 sqrt 没有声明，出错原因是调用数学库函数 sqrt( )时，没有包含相应的头文件。在第 2 行增加文件包含命令："#include <math.h>"。

③ 修改后重新编译，没有出现错误信息。

（2）运行。运行程序，输入如下测试数据，结果错误，说明程序有逻辑错误，需要通过调试找出错误并改正。

```
Enter x1, y1, x2, y2: 10 10 200 100
dist=100.24
```

（3）调试。

① 在第 10 行设置断点，单击按钮 ✓，输入测试数据，程序执行到断点（第 10 行）处暂停，此时该行变为蓝色。单击"添加查看"按钮，分别输入观察变量 x1、y1、x2、y2，在左侧的调试观察窗口中显示了这些变量的值（如图 5.1 所示），说明输入无误，问题应该出在函数定义。

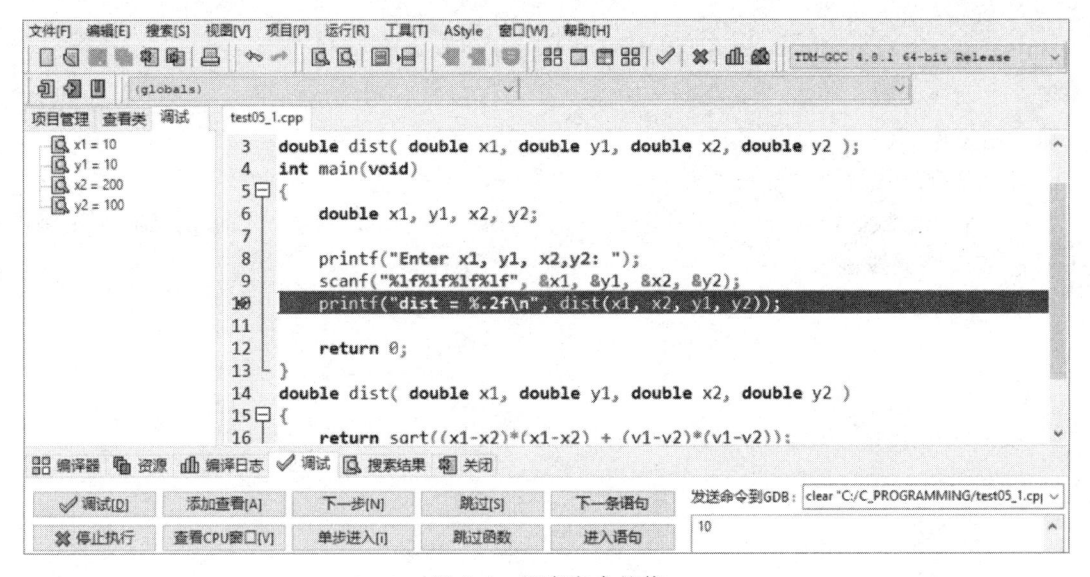

图 5.1　观察实参的值

② 现在需要单步跟踪进入函数调试。单击"单步进入"按钮，进入函数 dist( )，单击"下一步"按钮，此时将鼠标停留在第 14 行函数首部的形参 y1 上，发现它的值为 200，而调试观察窗口中实参 y1 的值仍为 10（如图 5.2 所示）。仔细分析该函数，发现在调用函数时，实参与形参的顺序发生了错误。按照 C 语言的规定，函数在调用时，实参与形参一一对应，数量相同，顺序一致，初学时建议类型也保持一致。第 10 行应改为：

```
printf("dist=%.2f\n", dist(x1, y1, x2, y2));
```

③ 单击"停止执行"按钮，结束本次调试。修改后重新编译，没有出现错误信息。

（4）再次运行。运行程序，输入测试数据，输出结果符合题目要求。调试完成。

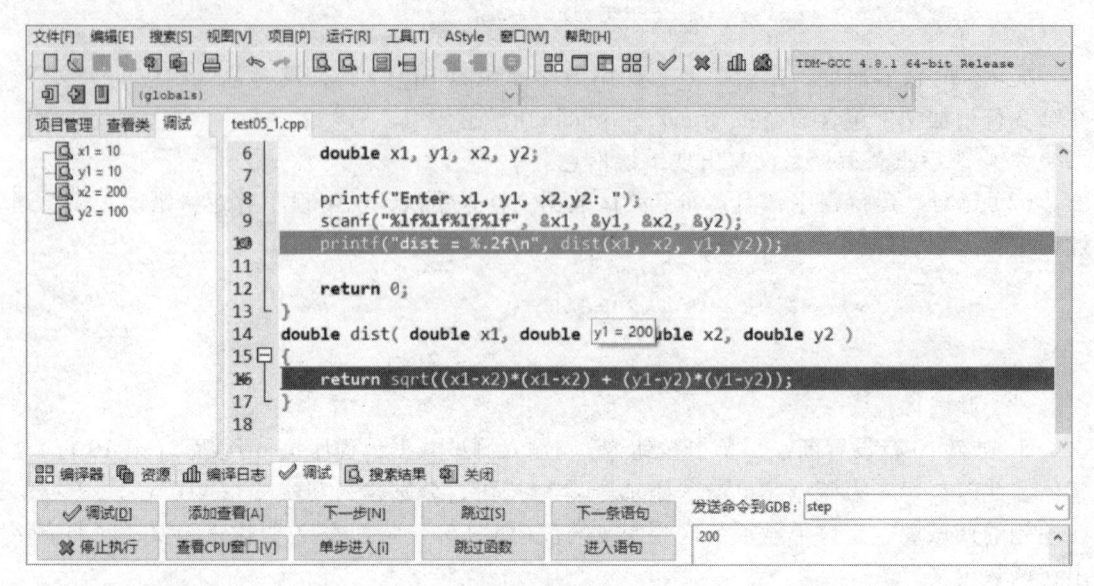

图 5.2 观察形参的值

(5) 建议再次调试。重复第(3)步,观察到 4 个形参的值均正确。单击"跳过函数"按钮,返回主函数,单击"下一步"按钮,在运行窗口看到输出结果。单击"停止执行"按钮,结束调试。

二、基础编程题

(1) 符号函数:输入 x,计算并输出下列分段函数 sign(x)的值。要求定义和调用函数 sign(x)实现该分段函数。

$$\text{sign}(x) = \begin{cases} 1 & x>0 \\ 0 & x=0 \\ -1 & x<0 \end{cases}$$

输入输出示例(共运行 3 次)

示例 1:
```
Enter x: 10
sign(10)= 1
```

示例 2:
```
Enter x: -5
sign(-5)= -1
```

示例 3:
```
Enter x: 0
sign(0)= 0
```

(2) 使用函数求 Fibonacci(斐波那契)数:输入正整数 n(1≤n≤46),输出 Fibonacci 数列的第 n 项。所谓 Fibonacci 数列就是满足任一项数字是前两项的和(最开始两项均定义为 1)的数列,从第 1 项起为 1,1,2,3,5,8,13,21……要求定义并调用函数 fib(n),它的功能是返回第 n 项 Fibonacci 数。例如,fib(7)的返回值是 13。

输入输出示例

```
Enter x: 8
fib(8)=21
```

（3）输出每个月的天数：输入年 year，输出该年 1~12 月每个月的天数。其中 1、3、5、7、8、10、12 月有 31 天，4、6、9、11 月有 30 天，2 月平年有 28 天，闰年有 29 天。判断闰年的条件是：能被 4 整除但不能被 100 整除，或者能被 400 整除。要求定义并调用函数 month_days(year, month)，该函数返回 year 年 month 月的天数。

输入输出示例（共运行 2 次）

示例 1：
```
Enter year: 2000
31 29 31 30 31 30 31 31 30 31 30 31
```

示例 2：
```
Enter year: 2001
31 28 31 30 31 30 31 31 30 31 30 31
```

（4）使用函数求最大公约数和最小公倍数：输入两个正整数 m 和 n(0<m, n≤1 000)，输出最大公约数和最小公倍数。要求定义和调用函数 gcd(m, n)计算 m 和 n 的最大公约数，定义和调用函数 lcm(m, n)计算 m 和 n 的最小公倍数。

输入输出示例

```
Enter m, n: 511 292
gcd=73
lcm=2044
```

（5）使用函数求素数和：输入两个正整数 m 和 n(1≤m≤n≤500)，求 m 和 n 之间的素数和。素数就是只能被 1 和自身整除的正整数，1 不是素数，2 是素数。要求定义并调用函数 prime(p)判断 p 是否为素数，当 p 为素数时返回 1，否则返回 0。定义并调用函数 prime_sum(m, n)，该函数返回区间[m, n]内所有素数的和。

输入输出示例

```
Enter m, n: -1 10
Sum of(2 3 5 7)=17
```

（6）使用函数输出字符矩阵：输入矩形的长度 length、宽度 width 和字符 ch，输出一个长宽分别为 length 和 width 的实心字符矩阵。要求定义并调用函数 matrix(length, width, ch)，实现在屏幕上显示长度为 length、宽度为 width，由字符 ch 组成的实心矩形图案。

输入输出示例

```
Enter length, width, ch: 5 3 H
HHHHH
HHHHH
HHHHH
```

三、改错题

使用函数求圆台体积：输入圆台的下底半径 r_lower、上底半径 r_upper 和高度 h，计算圆台的体积。要求定义并调用函数 volume_tc(r_lower, r_upper, h) 计算下底半径为 r_lower、上底半径为 r_upper、高度为 h 的圆台的体积，函数类型是 double。（源程序 test05_2.cpp）

输入输出示例

```
Enter r_lower, r_upper, h: 10 30 5
Volume=6806.78
```

源程序（有错误的程序）

```
1    #include <stdio.h>
2
3    int main(void)
4    {
5        double h, r_lower, r_upper, v;
6
7        printf("Enter r_lower, r_upper, h:");
8        scanf("%lf%lf%lf", &r_lower, &r_upper, &h);
9        v=volume_tc(r_lower, h, r_upper);
10       printf("Volume=%.2f\n", v);
11
12       return 0;
13   }
14   double volume_tc(double r_lower, r_upper, h)
15   {
16       return 3.14159*h*(r_lower*r_lower+r_upper*r_upper+r_lower*r_upper)/3;
17   }
```

（1）打开源程序 test05_2.cpp，对程序进行编译，采用每次修改第一个错误并重新编译的方法，逐次记录第一条错误信息、分析出错原因并给出正确的语句。

错误信息1：_____
出错原因1：_____
正确语句1：_____
错误信息2：_____
出错原因2：_____
正确语句2：_____

（2）改正上述错误后，再次进行编译和连接，没有出现错误信息。

（3）运行程序，输入以上测试数据，运行结果为_____，与题目要求的_____（一致/不一致）

（4）如果不一致，请模仿调试示例中的方法调试程序，并简要说明你的方法，指出错误的位置并给出正确语句。

方法：_____

_____

_____

错误行号：_____ 正确语句：_____

四、拓展编程题

（1）使用函数求余弦函数的近似值：输入 2 个实数 eps（精度）和 x，用下列公式求 cos(x) 的近似值，精确到最后一项的绝对值小于 eps。要求定义和调用函数 funcos(eps，x) 求余弦函数的近似值。

$$\cos(x) = \frac{x^0}{0!} - \frac{x^2}{2!} + \frac{x^4}{4!} - \frac{x^6}{6!} + \cdots$$

输入输出示例

```
Enter eps: 0.001
Enter x: -3.14
cos(-3.14)=-0.999899
```

（2）使用函数统计指定数字的个数：输入 2 个整数 number 和 digit（0≤digit≤9），统计并输出整数 number 中数字 digit 的个数。要求定义并调用函数 countdigit(number，digit)，它的功能是统计整数 number 中数字 digit 的个数。例如，countdigit(10090，0) 的返回值是 3。

输入输出示例

```
Enter number: -21252
Enter digit: 2
Number of digit 2 in -21252: 3
```

（3）空心的数字金字塔：输入一个正整数 n（1≤n≤9），输出 n 行空心的数字金字塔。要求定义和调用函数 hollow_pyramid(n) 打印出 n 行空心的数字金字塔。

输入输出示例

```
Enter n: 5
    1
   2 2
  3   3
 4     4
555555555
```

【实验结果与分析】

将源程序、运行结果和分析以及实验中遇到的问题和解决问题的方法写在实验报告上。

实验6 控制结构综合程序设计

【实验目的】

（1）了解结构化程序设计的思想及方法。
（2）能综合使用分支、循环和函数等控制结构编程解决问题。
（3）能灵活应用常用的程序调试方法，调试综合使用了分支、循环和函数等控制结构的程序。

【实验内容】

一、调试示例

近似求 π：根据下式求 π 的近似值，直到最后一项小于给定精度 eps。（源程序 test06_1.cpp）

$$\frac{\pi}{2} = 1 + \frac{1}{3} + \frac{2!}{3 \times 5} + \frac{3!}{3 \times 5 \times 7} + \frac{4!}{3 \times 5 \times 7 \times 9} + \frac{i!}{3 \times 5 \times \cdots \times (2 \times i + 1)} + \cdots$$

源程序（有错误的程序）

```
1    #include <stdio.h>
2    int fact(int n);
3    int multi(int n);
4    int main(void)
5    {
6        double eps, item, sum;
7        int i;
8
9        printf("Enter eps:");
10       scanf("%le", &eps);
11       i=0;
12       item=1;
13       sum=0;
14       while(item>=eps){
15           sum=sum+item;
16           i++;
17           item=fact(i)/multi(2*i+1);
18       }    /*调试时设置断点1*/
19       sum=sum+item;
20       printf("PI=%0.5f\n", sum*2);
21
```

```
22              return 0;
23          }
24
25      int fact(int n)
26      {
27          int result;
28          int i;
29
30          result = 1;
31          for(i = 0; i<=n; i++){
32              result = result * i;
33          }
34
35          return result;         /* 调试时设置断点 2 */
36      }
37
38      int multi(int n)
39      {
40          int result;
41          int i;
42
43          result = 1;
44          for(i = 3; i<=n; i = i+2){
45              result = result * i;
46          }
47
48          return result;         /* 调试时设置断点 3 */
49      }
```

运行结果（改正后程序的运行结果）

Enter eps：1E-6
PI = 3.14159

（1）打开文件并编译。打开源程序 test06_1.cpp，对程序进行编译，没有出现错误信息。

（2）运行。运行程序，输入如下测试数据，结果错误，说明程序有逻辑错误，需要通过调试找出错误并改正。

Enter eps：1E-6
PI = 2.00000

（3）调试。
① 首先设置 3 个断点，行号分别为 18、35 和 48，具体位置见源程序的注释。
② 单击按钮 ✓ ，输入测试数据，程序运行到行号为 35 的第 2 个断点处，即进入函数

fact(),单击"添加查看"按钮,输入观察变量 n 和 result,观察窗口显示 n 的值为 1,说明参数传递无误,本次函数调用将计算 1!,但是 result 的值为 0(如图 6.1 所示),出错了。仔细分析该函数,发现第 31 行 for 语句的表达式 1 误写成"i = 0",导致阶乘计算值为 0,应改为"i = 1"。

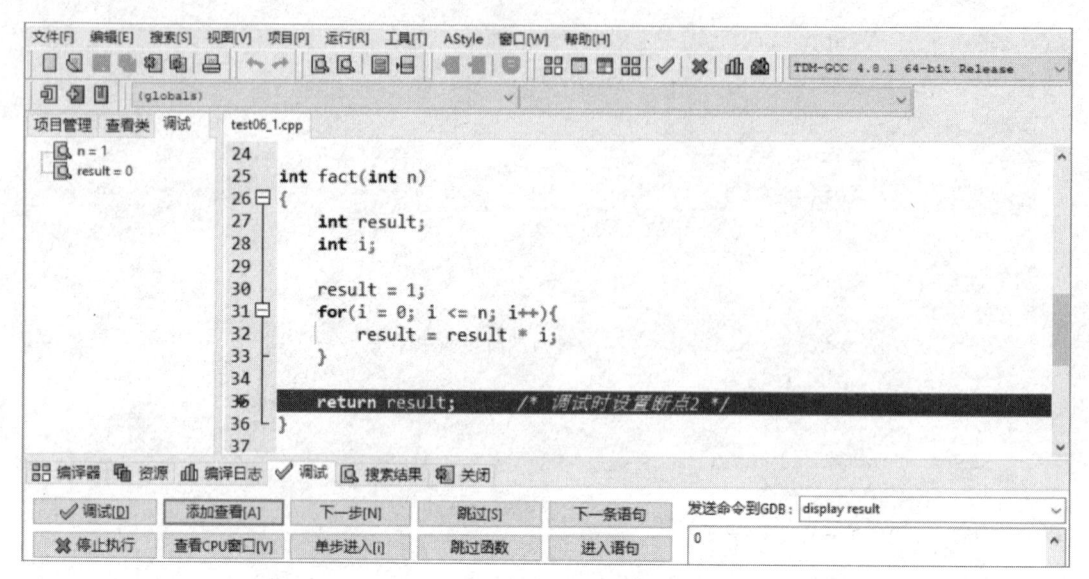

图 6.1　程序运行到函数 fact() 的断点处,观察变量的值

③ 单击"停止执行"按钮,结束本次调试。改正上述错误后重新编译,没有出现错误信息。

(4) 再次运行。运行程序,输入测试数据,结果错误,还要继续调试。

(5) 再次调试。

① 单击按钮 ✓,程序运行到函数 fact() 的断点处,变量窗口显示 result 的值为 1,正确。

② 单击"跳过"按钮,程序运行到行号为 48 的第 3 个断点处,即进入函数 multi(),清除刚才设置的观察变量,单击"添加查看"按钮,重新输入观察变量 result,窗口显示 result 的值为 3,正确。

③ 单击"跳过"按钮,程序运行到行号为 18 的第 1 个断点处,即主函数的断点处,清除刚才设置的观察变量,单击"添加查看"按钮,输入观察变量 i、item、sum,变量窗口显示 i、item、sum 的值分别是 1、0、1,显然不对,当 i 为 1 时,item 的值应该是 1/3 = 0.333333,仔细分析第 17 行,发现由于函数 fact() 和 multi() 的类型都被定义为整型,计算 item 时,赋值号右侧表达式执行了整除运算,故其值为 0。调试时,查看变量的值既可以在变量观察窗口中看,也可以将鼠标指向变量来查看其值(如图 6.2 所示)。

④ 单击"停止执行"按钮,结束本次调试。将函数声明和定义中的函数类型,以及函数中定义的局部变量 result 的类型都改为 double,重新编译,没有出现错误信息。

(6) 第 3 次运行。运行程序,输入测试数据,输出结果符合题目要求。调试完成。

(7) 建议第 3 次调试。

① 取消所有断点,在第 15 行设置一个断点。

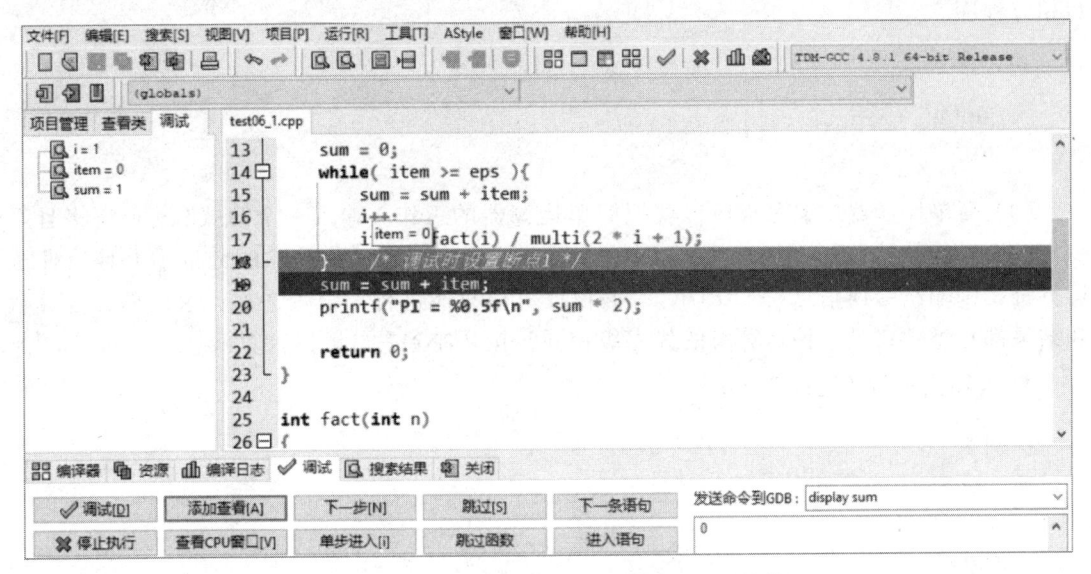

图 6.2 鼠标指向变量时，自动显示变量的值

② 单击按钮 ✓，程序运行到断点处，单击"添加查看"按钮，输入观察变量 eps、i、item 和 sum，反复单击"下一步"按钮，观察变量值的变化，体会循环计算的过程。

③ 单击"停止执行"按钮，结束调试。

本例介绍了多种调试手段，请读者多加练习，特别是利用断点对多个函数的程序进行调试。

二、基础编程题

（1）英文字母替换加密（大小写转换+后移1位）。为了防止信息被别人轻易窃取，需要把电码明文通过加密方式变换成为密文。变换规则是：将明文中的所有英文字母替换为字母表中的后一个字母，同时将小写字母转换为大写字母，大写字母转换为小写字母。例如，字母 a→B, b→C, …, z→A, A→b, B→c, …, Z→a。输入一行字符，将其中的英文字母按照以上规则转换后输出，其他字符按原样输出。试编写相应程序。

输入输出示例

```
Enter characters: Reold  Z123?
sFPME a123?
```

（2）使用函数求特殊 a 串数列和：输入两个正整数 a 和 n，求 a+aa+aaa+…+aa…a(n 个 a)之和。要求定义并调用函数 fn(a, n)，它的功能是返回 aa…a(n 个 a)。试编写相应程序。

输入输出示例（括号内为说明文字）

```
Enter a, n: 8  5
sum=98760          (sum=8+88+888+8888+88888)
```

（3）单词首字母大写：输入一行字符，将每个单词的首字母改为大写后输出。所谓"单词"是指连续不含空格的字符串，各单词之间用空格分隔，空格数可以是多个。试编写相应程序。

输入输出示例

```
Enter characters: How are you?
HAY
```

（4）简单计算器：编写程序，模拟简单运算器的工作。输入一个算式（没有空格且至少有一个操作数），遇等号"="说明输入结束，输出结果；如果除法分母为0或有非法运算符，则输出错误信息"ERROR"。假设计算器只能进行加、减、乘、除运算，运算数和结果都是整数，且4种运算符的优先级相同，按从左到右的顺序计算。

输入输出示例（运行2次）

示例1：

```
Enter an expression: 1+2*10-10/2=
result=10
```

示例2：

```
Enter an expression: 3%5=
ERROR
```

（5）使用函数验证哥德巴赫猜想：任何一个不小于6的偶数均可表示为两个奇素数之和。输入两个正整数 m 和 n（0<m≤n≤100），将 m 和 n 之间的偶数表示成两个素数之和，输出时每行显示5组。要求定义并调用函数 prime(m) 判断 m 是否为素数，当 m 为素数时返回1，否则返回0。素数就是只能被1和自身整除的正整数，1不是素数，2是素数。

输入输出示例

```
Enter m, n: 89 100
90=7+83, 92=3+89, 94=5+89, 96=7+89, 98=19+79,
100=3+97,
```

三、改错题

使用函数输出一个整数的逆序数：输入一个整数 n，输出其逆序数。要求定义并调用函数 reverse(n)，它的功能是返回 n 的逆序数。例如 reverse(123) 的返回值是321。（源程序 test06_2.cpp）

输入输出示例

```
Enter n: -12340
-4321
```

源程序（有错误的程序）

```
1    #include <stdio.h>
2
3    int main()
4    {
5        int n;
```

```
6
7          printf("Enter n:");
8          scanf("%d", &n);
9          printf("%d\n", reverse(n));
10
11         return 0;
12     }
13
14     int reverse(int n)
15     {
16         int digit, rev;
17
18         rev=0;
19         do{
20             digit=n/10;
21             n=n%10;
22             rev=rev*10+digit;
23         }while(n==0);
24
25         return rev;
26     }
```

（1）打开源程序 test06_2.cpp，对程序进行编译，信息窗口显示_____个[Error]。双击第一个错误，观察源程序中的箭头位置，记录错误信息，分析出错原因并给出正确的语句。

错误信息：_____

出错原因：_____

正确语句：_____

（2）改正错误后，对程序进行编译，没有出现错误信息。

（3）运行程序，输入测试数据-12340，运行结果为_____，与题目要求的_____（一致/不一致）。

（3）若不一致，请模仿调试示例中的方法调试程序，并简要说明你的方法，指出错误的位置并给出正确语句。

方法：_____

_____

改错汇总：

错误行号：_____ 正确语句：_____

错误行号：_____ 正确语句：_____

错误行号：_____ 正确语句：_____

四、拓展编程题

（1）使用函数输出指定范围内的完数：输入两个正整数 m 和 n（0<m≤n≤10 000），找

出 m 和 n 之间的所有完数，并输出每个完数的因子累加形式的分解式，其中完数和因子均按递增顺序给出；若 m 和 n 之间没有完数，则输出"No perfect number"。所谓完数就是该数恰好等于除自身外的因子之和。例如，6=1+2+3，其中 1、2、3 为 6 的因子。要求定义并调用函数 factorsum(number)，它的功能是返回 number 的因子和；定义和调用函数 print_pn(m, n) 输出给定范围 [m, n] 内每个完数的因子累加形式的分解式，其中完数和因子均按递增顺序给出。

输入输出示例（运行 2 次）

示例 1：
```
Enter m, n: 1 30
1 = 1
6 = 1+2+3
28 = 1+2+4+7+14
```

示例 2：
```
Enter m, n: 7 25
No perfect number
```

（2）使用函数输出指定范围内的 Fibonacci 数：输入两个正整数 m 和 n（0<m≤n≤10 000），输出 m 和 n 之间所有的 Fibonacci 数；如果给定区间内没有 Fibonacci 数，则输出"No Fibonacci number"。所谓 Fibonacci 数列就是满足任一项数字是前两项的和（最开始两项均定义为 1）的数列，从第 1 项起为 1，1，2，3，5，8，13，21，…要求定义并调用函数 fib(n)，它的功能是返回第 n 项 Fibonacci 数。例如，fib(7) 的返回值是 13；定义和调用函数 print_fn(m, n) 输出给定范围 [m, n] 内的所有 Fibonacci 数，相邻数字间有一个空格，行末不得有多余空格。

输入输出示例（运行 2 次，括号内为文字说明）

示例 1：
```
Enter m, n: 20  100
21  34  55  89          (20 到 100 之间的 Fibonacci 数)
```

示例 2：
```
Enter m, n: 2000  2500
No Fibonacci number     (2 000 到 2 500 之间没有 Fibonacci 数)
```

（3）统计单词的长度：输入一行字符，统计每个单词的长度。所谓"单词"是指连续不含空格的字符串，各单词之间用空格分隔，空格数可以是多个。试编写相应程序。

输入输出示例

```
Enter characters: How are you?
3 3 4
```

（4）使用函数输出水仙花数：输入两个正整数 m 和 n（100≤m≤n≤10 000），输出区间 [m, n] 内所有的水仙花数。所谓水仙花数是指一个 n 位正整数（n≥3），它的各位数字的 n 次幂之和等于它本身。例如 153 的各位数字的立方和是 $1^3+5^3+3^3=153$。要求定义并调用函数 narcissistic(number) 判断 number 是否为水仙花数, 是则返回 1, 否则返回 0; 定义和调用函数 print_n(m, n) 按从小到大的顺序输出区间 [m, n] 内所有的水仙花数。

输入输出示例（括号内为文字说明）

```
Enter m, n: 153 400
153        (1³+5³+3³=153)
370        (3³+7³+0³=370)
371        (3³+7³+1³=371)
```

【实验结果与分析】

将源程序、运行结果和分析以及实验中遇到的问题和解决问题的方法写在实验报告上。

实验 7　数组程序设计

7.1　一维数组

【实验目的】

(1) 能正确使用一维数组编程解决问题。
(2) 熟练掌握查找、排序算法。
(3) 能灵活应用常用的程序调试方法, 调试使用了一维数组的程序。

【实验内容】

一、调试示例

简化的插入排序：输入一个正整数 n(0<n<9) 和 n 个从小到大排好顺序的整数, 再输入一个整数 x, 把 x 插入到这组数据中, 使该组数据仍然有序。（源程序 test07_1.cpp）

源程序（有错误的程序）

```
1    #include <stdio.h>
2    #define MAXN 10
3    int main()
4    {
5        int i, index, j, n, x;
6        int a[MAXN];
7
8        printf("Enter n:");
9        scanf("%d", &n);
10       printf("Enter %d integers:", n);
```

```
11        for(i=0; i<n; i++){/*输入 n 个从小到大排好顺序的整数*/
12            scanf("%d", &a[i]);
13        }
14        printf("Enter x:");
15        scanf("%d", &x);
16        for(i=0; i<n; i++){/*找位：找到待插入的位置，即退出循环时 i 的值*/
17            if(x<a[i]){
18                break;
19            }
20        }
21        index=i;                    /*定位：index 记录待插入的位置*/
22        for(j=n-1; j>=index; j++){/*腾位：将 a[n-1]~a[index]向后顺移一位*/
23            a[j]=a[j+1];
24        }
25        a[index]=x;                 /*插入：将 x 的值赋给 a[index]*/
26        for(i=0; i<=n; i++){
27            printf("%d", a[i]);
28        }
29        printf("\n");
30
31        return 0;
32    }
```

运行结果（改正后程序的运行结果）

    Enter n: 5
    Enter 5 integers: 11 12 14 21 98
    Enter x: 13
    11 12 13 14 21 98

☞ 插入法的核心思想：先找到待插入的位置，从此处开始，所有的数据顺序后移，最后正确插入数据 x。一般分为找位、定位、腾位、插入 4 个步骤。

（1）打开文件并编译。打开源程序 test07_1.cpp，对程序进行编译和连接，没有出现错误信息。

（2）运行。运行程序，输入以上测试数据，结果出错，说明程序有逻辑错误，需要通过调试找出错误并改正。

（3）调试。按照输入、找位、定位、腾位、插入、输出的顺序，依次查找可能的错误。

① 首先在第 16 行设置断点，检查输入是否有误。单击按钮 ✓，输入测试数据，程序执行到断点处。在变量窗口中添加查看变量 n、x、i、index、j 和 a，观察变量的值，输入数据 n、x 和 a 正确。

② 继续检查实现找位和定位的程序段。反复单击"下一步"按钮，观察变量 x、i、a[i]的值，体会查找待插入位置的执行过程。第 22 行蓝色高亮显示，意味着第 21 行已执行，此时 index 的值为 2，说明定位无误，x 将要插入在 a[2]处（如图 7.1 所示）。

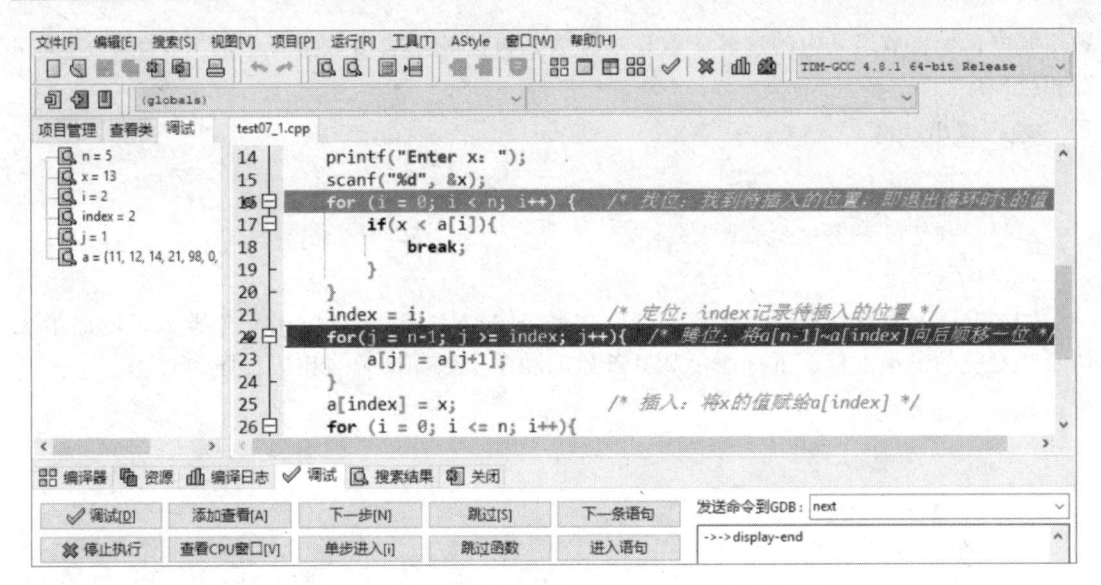

图 7.1　观察数组 a 和变量 n、x、index，定位无误

③ 接着检查实现腾位的程序段。2 次单击"下一步"按钮，观察到数组 a 的值被错误改变了，即原 a[4]的值被错误修改，且 j 的值不减反增（如图 7.2 所示）。仔细分析源程序，发现第 22 行 for 的表达式 3 应该改为"j--"，第 23 行应改为"a[j+1] = a[j]"。

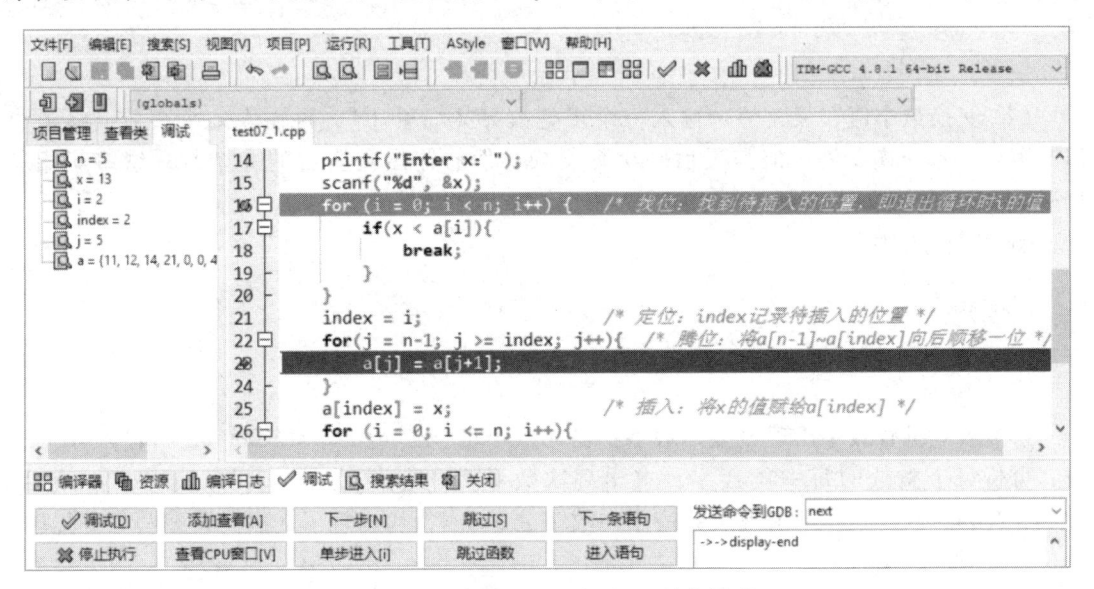

图 7.2　观察数组 a 和变量 j，其值错误

④ 单击"停止执行"按钮，结束本次调试。改正上述错误，重新编译，没有出现错误信息。

（4）再次运行。运行程序，输入测试数据，输出结果符合题目要求。调试完成。

思考：测试该程序时，至少需要几组测试用例？请补充测试用例并运行程序。

二、基础编程题

（1）将数组中的数逆序存放：输入一个正整数 n（1<n≤10），再输入 n 个整数，存入

数组 a 中，先将数组 a 中的这 n 个数逆序存放，再按顺序输出数组 a 中的 n 个元素。试编写相应程序。

输入输出示例

```
Enter n: 4
Enter 4 integers: 10 8 1 2
2 1 8 10
```

（2）求最大值及其下标：输入一个正整数 n(1<n≤10)，再输入 n 个整数，输出最大值及其对应的最小下标，下标表示从 0 开始的顺序位数。试编写相应程序。

输入输出示例

```
Enter n: 6
Enter 6 integers: 2 8 10 1 9 10
max = 10, index = 2
```

（3）选择法排序：输入一个正整数 n(1<n≤10)，再输入 n 个整数，将它们从大到小排序后输出。试编写相应程序。

输入输出示例

```
Enter n: 4
Enter 4 integers: 5 1 7 6
7 6 5 1
```

（4）交换最小值和最大值：输入一个正整数 n(1<n≤10)，再输入 n 个整数，将最小值与第一个数交换，最大值与最后一个数交换，然后输出交换后的 n 个数。试编写相应程序。

输入输出示例

```
Enter n: 5
Enter 4 integers: 8 2 5 1 4
1 2 5 4 8
```

（5）求一批整数中出现最多的数字：输入一个正整数 n(1<n≤1 000)，再输入 n 个整数，分析每个整数的每一位数字，求出现次数最多的各位数字。例如，输入 3 个整数 1234、2345、3456，其中出现次数最多的数字是 3 和 4，均出现了 3 次。试编写相应程序。

输入输出示例

```
Enter n: 3
Enter 3 integers: 1234 2345 3456
3: 3 4
```

三、改错题

查找整数：输入正整数 n(1≤n≤20) 和整数 x，再输入 n 个整数并存放在数组 a 中，在数组 a 的元素中查找与 x 相同的元素，如果找到，输出 x 在数组 a 中的最小下标；如果没有找到，输出 "Not Found"。（源程序 test07_2.cpp）

输入输出示例（运行 2 次）

示例 1：
    Enter n, x: 5 7
    Enter 5 integers: 3 5 7 1 7
    index = 2

示例 2：
    Enter n, x: 5 7
    Enter 5 integers: 3 5 8 1 9
    Not Found

源程序（有错误的程序）

```
1      #include <stdio.h>
2      #define MAXN 20
3      int main(void)
4      {
5          int i, flag, n, x;
6          int a[MAXN];
7
8          printf("Enter n, x:");
9          scanf("%d%d", &n, &x);
10         printf("Enter %d integers:", n);
11         for(i = 0; i<n; i++){
12             scanf("%d", a[i]);
13         }
14         flag = 0;
15         for(i = 0; i<n; i++){
16             if(a[i]!=x){
17                 flag = 1;
18                 break;
19             }
20         }
21         if(flag == 1){
22             printf("Not Found\n");
23         }else{
24             printf("index = %d\n", i);
25         }
26
27         return 0;
28     }
```

（1）打开源程序 test07_2.cpp，对程序进行编译，没有出现错误信息。
（2）运行程序，输入以上测试数据，出现问题：_____

出错原因：_____
正确语句：_____

（3）改正错误后，再次对程序进行编译，没有出现错误信息。

（4）再次运行程序，输入以上测试数据，运行结果为_____，与题目要求的_____（一致/不一致）。

（5）若不一致，请模仿调试示例中的方法调试程序，并简要说明你的方法，指出错误的位置并给出正确语句。

方法：_____
_____
_____

改错汇总：
错误行号：_____　　正确语句：_____
错误行号：_____　　正确语句：_____

四、拓展编程题

（1）找出不是两个数组共有的元素：输入一个正整数 n(1<n≤10)，再输入 n 个整数，存入第 1 个数组中；然后输入一个正整数 m(1<m≤10)，再输入 m 个整数，存入第 2 个数组中，找出所有不是这两个数组共有的元素。试编写相应程序。

输入输出示例

```
Enter n: 10
Enter 10 integers: 3 -5 2 8 0 3 5 -15 9 100
Enter m: 11
Enter 11 integers: 6 4 8 2 6 -5 9 0 100 8 1
3 5 -15 6 4 1
```

（2）求整数序列中出现次数最多的数：要求统计一个整型序列中出现次数最多的整数及其出现次数。试编写相应程序。

输入输出示例

```
Enter n: 10
Enter 10 integers: 3 2 -1 5 3 4 3 0 3 2
3 4
```

（3）排列组成最小数：给定数字 0~9 各若干个，按照任意顺序排列这些数字，但必须全部使用。目标是使得排列后的数尽可能小（注意 0 不能做首位）。试编写相应程序。

输入输出示例（括号内为文字说明）

```
5 8 5 5 1 1 0 0    （输入 8 个数：两个 0，两个 1，三个 5，一个 8）
10015558
```

（4）装箱问题：假设有 n 项物品，大小分别为 s1，s2，…，si，…，sn，其中 si 是 1≤si≤100 的整数。要把这些物品装入到容量为 100 的一批箱子（序号 1~n）中。装箱方法是：对每项物品 si，依次扫描所有这些箱子，把 si 放入足以能够容下它的第一个箱子中

(first-fit 策略)。编写程序模拟这个装箱的过程,并输出每个物品所在的箱子序号,以及所需的箱子数目。

输入输出示例

```
Enter n: 8
Enter 8 integers: 60 70 80 90 30 40 10 20
60 1
70 2
80 3
90 4
30 1
40 5
10 1
20 2
5
```

【实验结果与分析】

将源程序、运行结果和分析以及实验中遇到的问题和解决问题的方法写在实验报告上。

7.2 二维数组

【实验目的】

(1)能正确使用二维数组编程解决问题。
(2)熟练掌握矩阵运算的常用算法。
(3)能灵活应用常用的程序调试方法,调试含二维数组的程序。

【实验内容】

一、调试示例

求矩阵各行元素之和:输入两个正整数 m 和 n(1≤m,n≤6),然后输入该 m 行 n 列二维数组 a 中的元素,分别求出各行元素之和并输出。(源程序 test07_3.cpp)

源程序(有错误的程序)

```
1    #include <stdio.h>
2    #define MAXN 6
3    int main()
4    {
5        int i, j, m, n, sum;
6        int a[MAXN][MAXN];
7    
8        printf("Enter m, n:");
9        scanf("%d %d", &m, &n);
10       printf("Enter an array:\n");
```

```
11          for(i=0; i<m; i++){                              /* 调试时设置断点 1 */
12              for(j=0; i<n; j++){
13                  scanf("%d", &a[i][j]);
14              }
15          }
16          sum = 0;                                         /* 调试时设置断点 2 */
17          for(i=0; i<m; i++){
18
19              for(j=0; j<n; j++){
20                  sum = sum+a[i][j];
21              }
22              printf("sum of row %d is %d\n", i, sum);    /* 调试时设置断点 3 */
23          }
24
25          return 0;
26      }
```

运行结果（改正后程序的运行结果）

```
Enter m, n: 3  2
Enter an array:
6   3
1   -8
3   12
sum of row 0 is 9
sum of row 1 is -7
sum of row 2 is 15
```

（1）打开文件并调试。打开源程序 test07_3.cpp，对程序进行编译和连接，没有出现错误信息。

（2）运行。运行程序，输入以上测试数据，运行窗口没有显示输出结果，说明程序有逻辑错误，需要通过调试找出错误并改正。

（3）调试。按照输入、计算求和、输出的顺序，依次查找可能的错误。

① 首先在第 16 行设置断点，检查输入是否有误。单击按钮 ✓，输入测试数据后，发现运行窗口仍等待数据的输入，程序并未执行到断点处，说明实现输入的程序段出现死循环，需要对该程序段进行单步跟踪调试。单击"停止执行"按钮，结束本次调试。

② 在第 11 行设置第一个断点，单击按钮 ✓，在变量窗口中添加观察变量 m、n、i、j、sum 和 a，输入测试数据 3 2 后，程序执行到断点处，变量 m 和 n 的值正确。反复单击"下一步"按钮，继续输入测试数据，观察变量 i、j 和数组 a[i][j] 的值，发现 i 一直为 0，而 j 的值不断增加，而且输入的数据都放在数组的第 0 行，出错了。仔细分析源程序，发现第 12 行 for 的表达式 2 应该改为 "j<n"（如图 7.3 所示）。

③ 单击"停止执行"按钮，结束本次调试。改正上述错误，重新编译，没有出现错误信息。

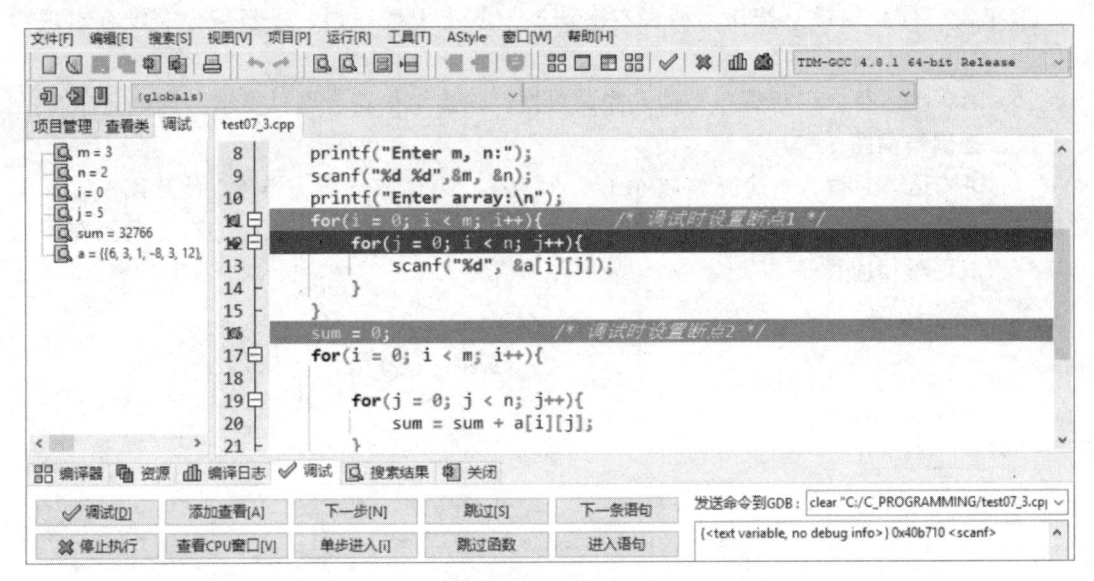

图 7.3 观察数组 a 和变量 i、j，其值错误

（4）再次运行。运行程序，输入测试数据，结果出错，说明程序还存在逻辑错误，需要继续调试。

（5）再次调试。

① 取消前两个断点，在第 22 行设置第三个断点。

② 单击按钮 ✓，输入以上测试数据，程序运行到断点处，观察变量 sum 的值为 9，这是第 0 行元素的和，正确。单击"跳过"按钮，程序再次运行到断点处，此时变量 sum 的值为 2，而第 1 行元素的和应该是 −7，出错了（如图 7.4 所示）。仔细分析源程序，发现"sum = 0；"放错位置了，在求每一行元素的和之前，都要将 sum 清零，应该将第 16 行的"sum = 0；"移到第 18 行。

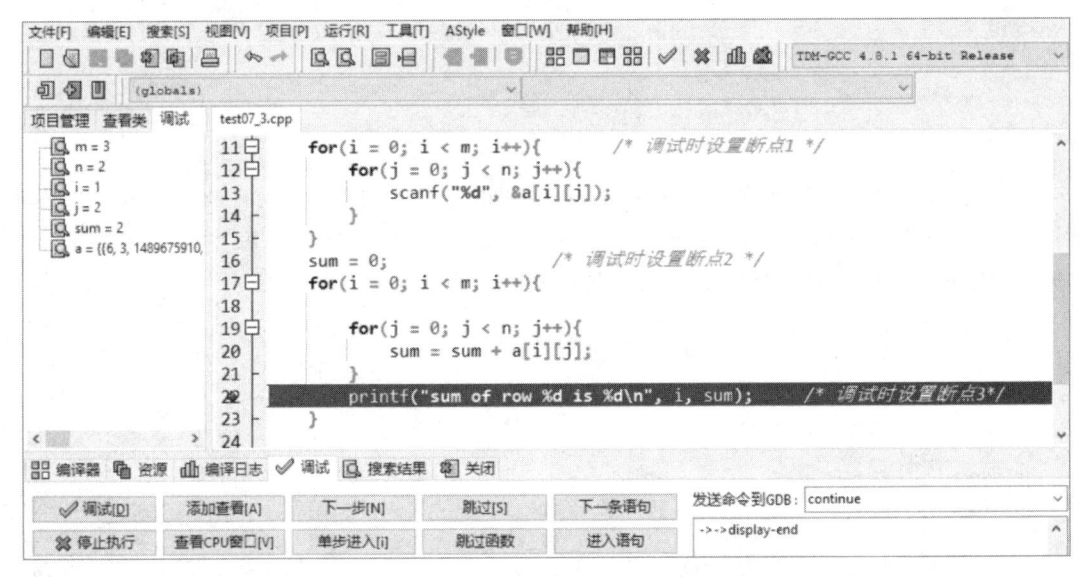

图 7.4 i 的值为 1 时，第 1 行元素求和错误

③ 单击"停止执行"按钮，结束本次调试。改正上述错误，重新编译，没有出现错误信息。

（6）第 3 次运行。运行程序，输入测试数据，输出结果符合题目要求。调试完成。

二、基础编程题

（1）矩阵运算：读入一个正整数 $n(1 \leq n \leq 10)$，再读入 n 阶方阵 a，计算该矩阵除副对角线、最后一列和最后一行以外的所有元素之和。副对角线为从矩阵的右上角至左下角的连线。试编写相应程序。

输入输出示例

```
Enter n: 4
Enter an array:
2 3 4 1
5 6 1 1
7 1 8 1
1 1 1 1
sum=35
```

（2）求矩阵的局部极大值：给定 m 行 n 列 $(3 \leq m, n \leq 20)$ 的整数矩阵 a，如果 a 的非边界元素 $a[i][j]$ 大于相邻的上下左右 4 个元素，那么就称元素 $a[i][j]$ 是矩阵的局部极大值。要求输出给定矩阵的全部局部极大值及其所在的位置。

输入输出示例

```
Enter m, n: 4 5
Enter an array:
1 1 1 1 1
1 3 9 3 1
1 5 3 5 1
1 1 1 1 1
9 2 3
5 3 2
5 3 4
```

（3）计算天数：按照格式"yyyy/mm/dd"（即"年/月/日"）输入日期，计算其是该年的第几天。要求定义和调用函数 day_of_year(year, month, day) 计算并返回年 year、月 month 和日 day 对应的是该年的第几天。试编写相应程序。

输入输出示例（运行 2 次）

示例 1：

```
1981/3/1
60
```

示例 2：

```
2000/3/1
61
```

（4）判断上三角矩阵：输入一个正整数 n（1≤n≤10）和 n 阶方阵 a 中的元素，如果 a 是上三角矩阵，输出"YES"，否则，输出"NO"。上三角矩阵指主对角线以下的元素都为 0 的矩阵，主对角线为从矩阵的左上角至右下角的连线。试编写相应程序。

输入输出示例（运行 2 次）

示例 1：
```
Enter n: 3
Enter an array:
1 2 3
0 4 5
0 0 6
YES
```

示例 2：
```
Enter n: 2
Enter an array:
1  0
-8 2
NO
```

（5）打印杨辉三角：输入一个整数 n（1≤n≤10）。要求以三角形的格式输出前 n 行杨辉三角，每个数字占固定 4 位。试编写相应程序。

输入输出示例

```
Enter n: 6
   1
   1   1
   1   2   1
   1   3   3   1
   1   4   6   4   1
   1   5  10  10   5   1
```

三、改错题

方阵循环右移：输入两个正整数 m 和 n（m≥1，1≤n≤6），然后输入 n 阶方阵 a 中的元素，将该方阵中的每个元素循环向右移 m 个位置。（源程序 test07_4.cpp）

输入输出示例

```
Enter m, n: 2 3
Enter an array:
1 2 3
4 5 6
7 8 9
New array:
2 3 1
5 6 2
```

8 9 3

源程序（有错误的程序）

```
1    #include <stdio.h>
2    #define MAXN 6
3    int main()
4    {
5        int i, j, m, n;
6        int a[MAXN][MAXN], b[MAXN][MAXN];
7    
8        printf("Enter m, n:");
9        scanf("%d%d", &m, &n);
10       printf("Enter an array:\n");
11       for(i=0; j<n; i++){
12           for(j=0; j<n; j++){
13               scanf("%d", &a[i][j]);
14           }
15       }
16       m=m%n;
17       for(j=0; j<n; j++){
18           for(i=0; i<n; i++){
19               b[i][(j+m)/n]=a[i][j];
20           }
21       }
22       printf("New array:\n");
23       for(i=0; i<n; i++){
24           for(j=0; j<n; j++){
25               printf("%d", b[i][j]);
26           }
27           printf("\n");
28       }
29   
30       return 0;
31   }
```

（1）打开源程序 test07_4.cpp，对程序进行编译，没有出现错误信息。

（2）运行程序，输入以上测试数据，运行结果为_____，与题目要求的_____（一致/不一致）。

（3）若不一致，请模仿调试示例中的方法调试程序，并简要说明你的方法，指出错误的位置并给出正确语句。

方法：_____

_____

_____

错误行号：_____ 正确语句：_____

错误行号：_____ 正确语句：_____

四、拓展编程题

（1）找鞍点：一个矩阵元素的"鞍点"是指该位置上的元素值在该行上最大、在该列上最小。输入 1 个正整数 n(1≤n≤6) 和 n 阶方阵 a 中的元素，如果找到 a 的鞍点，就输出其下标，否则，输出"NONE"。假设方阵 a 至多存在 1 个鞍点。试编写相应程序。

输入输出示例（运行 2 次）

示例 1：

  Enter n: 4
  Enter an array:
  1　7　4　1
  4　8　3　6
  1　6　1　2
  0　7　8　9
  a[2][1]=6

示例 2：

  Enter n: 2
  Enter an array:
  1　7
  4　1
  NONE

（2）螺旋方阵：所谓"螺旋方阵"是指对任意给定的 n，将 1 到 n×n 的数字从左上角第 1 个格子开始，按顺时针螺旋方向顺序填入 n×n 的方阵里。输入一个正整数 n(n<10)，输出 n 阶的螺旋方阵，每个数字占 3 位。试编写相应程序。

输入输出示例

  Enter n: 5
    1　 2　 3　 4　 5
   16　17　18　19　 6
   15　24　25　20　 7
   14　23　22　21　 8
   13　12　11　10　 9

（3）简易连连看：给定一个 2n×2n 的方阵网格游戏盘面，每个格子中放置一些符号，这些符号一定是成对出现的，同一个符号可能不止一对。程序读入玩家给出的一对位置 (x1, y1)、(x2, y2)，判断这两个位置上的符号是否匹配。如果匹配成功，则将两个符号消为"*"并输出消去后的盘面；否则输出"Uh-oh"。若匹配错误达到 3 次，则输出"Game Over"并结束游戏。或者当全部符号匹配成功，则输出"Congratulations!"，然后结束游戏。试编写相应程序。

输入输出示例（运行2次）

```
Enter n: 2
Enter an array:
I T I T
Y T I A
T A T Y
I K K T
Enter n: 5
Enter an array:
1 1 4 4
1 1 2 3
1 1 2 3
2 2 4 1
2 2 3 3
Uh-oh
* T I T
Y T * A
T A T Y
I K K T
Uh-oh
Uh-oh
Game Over
```

【实验结果与分析】

将源程序、运行结果和分析以及实验中遇到的问题和解决问题的方法写在实验报告上。

7.3 字符串

【实验目的】

（1）能正确使用字符串编程解决问题。

（2）熟练掌握字符串处理的常用算法。

（3）能灵活应用常用的程序调试方法，调试含有字符串的程序。

【实验内容】

一、调试示例

字符串逆序：输入一个以回车结束的字符串（少于80个字符），对该字符串进行逆序，输出逆序后的字符串。（源程序 test07_5.cpp）

源程序（有错误的程序）

```
1    #include <stdio.h>
```

```
 2      #define MAXLEN 80
 3      int main()
 4      {
 5          char temp;
 6          char str[MAXLEN];
 7          int i, j;
 8
 9          printf("Enter a string:");
10          i = 0;
11          while((str[i]=getchar())!='\n'){
12              i++;
13          }
14          str[i]='\0';
15
16          j=i-1;                              /* 调试时设置断点 1 */
17          i=0;
18          while(i<j){
19              temp=str[i];
20              str[i]=str[j];
21              str[j]=temp;
22              i++;
23              j++;                            /* 调试时设置断点 2 */
24          }
25          for(i=0; i<80; i++){                /* 调试时设置断点 3 */
26              putchar(str[i]);
27          }
28          printf("\n");
29
30          return 0;
31      }
```

运行结果（改正后程序的运行结果）

Enter a string: Welcome to you!
!uoy ot emocleW

（1）打开文件并编译。打开源程序 test07_5.cpp，对程序进行编译和连接，没有出现错误信息。

（2）运行。运行程序，输入以上测试数据，结果出错，说明程序有逻辑错误，需要通过调试找出错误并改正。

（3）调试。按照输入、处理、输出的顺序，依次查找可能的错误。

① 首先在第 16 行设置断点，检查输入是否有误。单击按钮 ✓，输入测试数据后，在变量窗口中添加观察变量 i、j 和 str，程序执行到断点处，观察到 str 的值正确，说明输

入正确。

② 在第 23 行设置第二个断点，单击"跳过"按钮，程序运行到第二个断点处，观察 str 的值，看到第一个字符和最后一个字符的调换正确；再次单击"跳过"按钮，看到字符互换出错，且 j 的值不减反增。仔细分析源程序，发现第 23 行应该改为"j--"（如图 7.5 所示）。

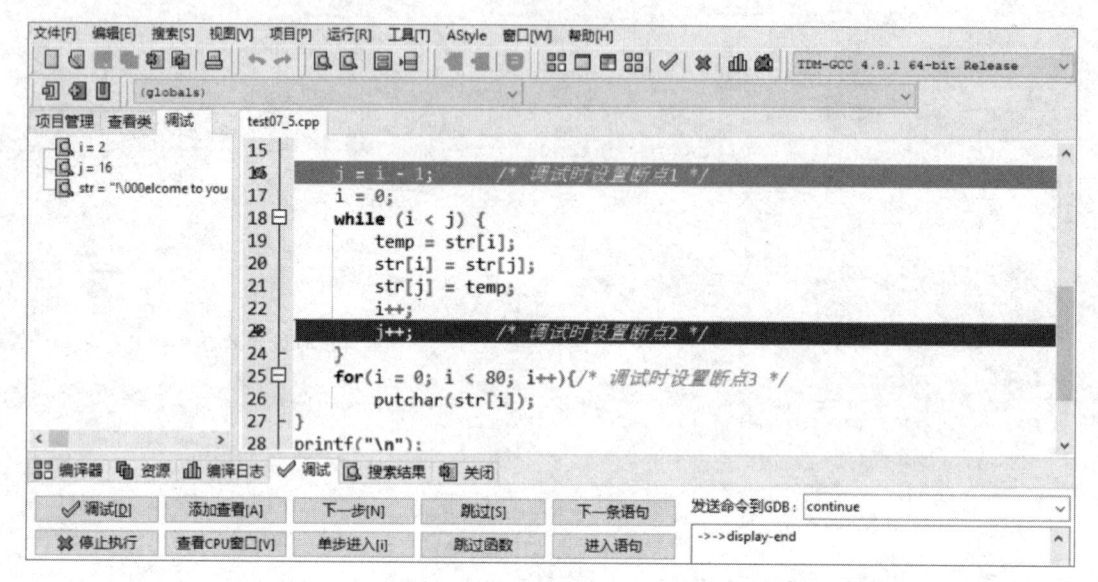

图 7.5　字符互换正确出现错误

③ 单击"停止执行"按钮，结束本次调试。改正上述错误，重新编译，没有出现错误信息。

（4）再次运行。运行程序，输入测试数据，结果出错，说明程序还存在逻辑错误，需要继续调试。

（5）再次调试。

① 取消前两个断点，在第 25 行设置第三个断点。单击按钮 ✓，输入以上测试数据，程序运行到断点处，观察 str 的值，其内容已逆序，说明错误很可能在输出程序段。

② 反复单击"下一步"按钮，同步观察运行窗口，发现将逆序后的字符串输出后，还有其他内容显示在屏幕上，再观察变量 i 的值，超出了字符串的有效长度（如图 7.6 所示）。仔细分析源程序，发现第 25 行的循环条件"i<80"有问题，应该改为"str[i]!='\0'"。

③ 单击"停止执行"按钮，结束本次调试。改正上述错误，重新编译，没有出现错误信息。

（6）第 3 次运行。运行程序，输入测试数据，输出结果符合题目要求。调试完成。

二、基础编程题

（1）统计大写辅音字母：输入一个以回车结束的字符串（少于 80 个字符），统计并输出其中大写辅音字母的个数。大写辅音字母是指除"A"、"E"、"I"、"O"、"U"以外的大写字母。试编写相应程序。

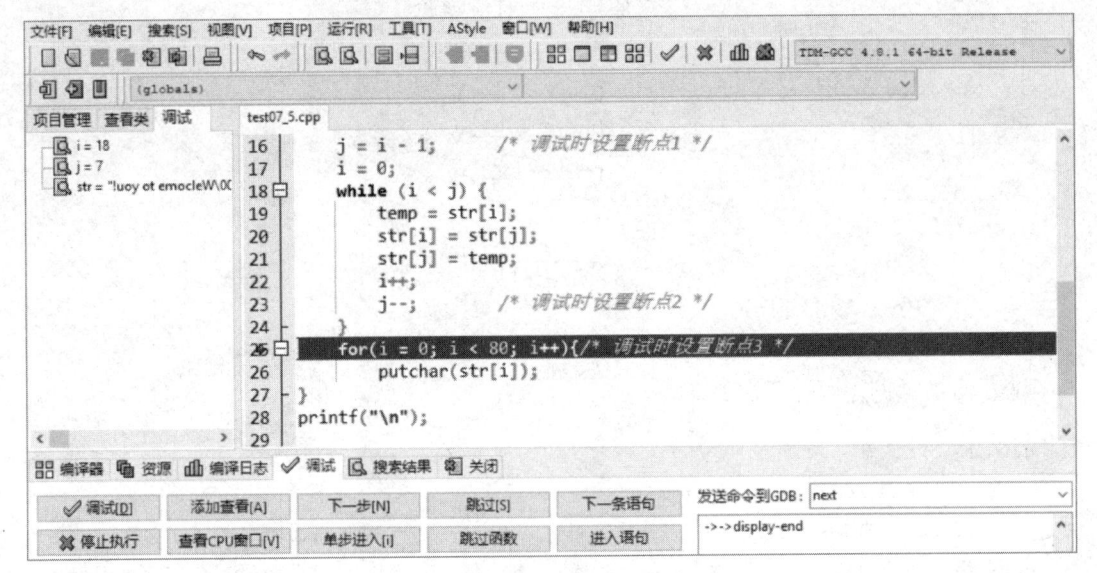

图 7.6　字符串输出错误

输入输出示例（运行 2 次）

示例 1：
```
Enter a string: HELLO
3
```

示例 2：
```
Enter a string: group
0
```

（2）查找指定字符：输入一个字符，再输入一个以回车结束的字符串（少于 80 个字符），在字符串中查找该字符。如果找到，则输出该字符在字符串中所对应的最大下标，下标从 0 开始；否则输出"Not Found"。试编写相应程序。

输入输出示例（运行 2 次）

示例 1：
```
Enter a character: m
Enter a string: programming
7
```

示例 2：
```
Enter a character: a
Enter a string: 1234
Not Found
```

（3）字符串替换：输入一个以回车结束的字符串（少于 80 个字符），将其中的大写字母用下面列出的对应大写字母替换，其余字符不变，输出替换后的字符串。试编写相应程序。

```
原字母    对应字母
  A ──────→ Z
  B ──────→ Y
  C ──────→ X
  D ──────→ W
       …
  X ──────→ C
  Y ──────→ B
  Z ──────→ A
```

输入输出示例（运行 2 次）

示例 1：
  Enter a string: A flag of USA
  Z flag of FHZ

示例 2：
  Enter a string: 1+2=3
  1+2=3

（4）恺撒密码：为了防止信息被别人轻易窃取，需要把电码明文通过加密方式变换成为密文。输入一个以回车为结束标志的字符串（少于 80 个字符），再输入一个整数 offset，用恺撒密码将其加密后输出。恺撒密码是一种简单的替换加密技术，将明文中的所有字母都在字母表上偏移 offset 位后被替换成密文，当 offset 大于零时，表示向后偏移；当 offset 小于零时，表示向前偏移。例如，当偏移量 offset 是 2 时，表示所有的字母被向后移动 2 位后的字母替换，即所有的字母 A 将被替换成 C，字母 B 将变为 D，…，字母 X 变成 Z，字母 Y 则变为 A，字母 Z 变为 B；当偏移量 offset 是 -1 时，表示所有的字母被向前移动 1 位后的字母替换，即所有的字母 A 将被替换成 Z，字母 B 将变为 A，…，字母 Y 则变为 X，字母 Z 变为 Y。

输入输出示例（运行 2 次）

示例 1：
  Enter a string: Hello Hangzhou
  Enter offset: 2
  After being encrypted: Jgnnq Jcpibjqw

示例 2：
  Enter a string: Sea
  Enter offset: -1
  After being encrypted: Rdz

（5）字符串转换成十进制整数：输入一个以"#"结束的字符串，滤去所有的非十六进制字符（不分大小写），组成一个新的表示十六进制数字的字符串，然后将其转换为十进制数后输出。如果在第一个十六进制字符之前存在字符"-"，则代表该数是负数。试编写相应程序。

输入输出示例

```
Enter a string: +-P-xf4+-1!#
-3905
```

三、改错题

数字字符转换：输入一个以回车结束的字符串（少于 80 个字符），将其中第一次出现的连续的数字字符（"0"～"9"）转换为整数，遇到非数字字符则停止。例如，将字符串"x+y=35+z+9"转换为整数是 35。（源程序 test07_6.cpp）

输入输出示例

```
Enter a string: Free082jeep5
82
```

源程序（有错误的程序）

```
1     #include <stdio.h>
2     int main(void)
3     {
4         int i, number;
5         char str[80];
6     
7         printf("Enter a string:");
8         i=0;
9         while((str[i]=getchar())!="\n"){
10            i++;
11        }
12    
13        i=0;
14        while(i<80){
15            if(str[i]<'0'||str[i]>'9'){
16                break;
17            }
18            i++;
19        }
20        number=0;
21        while(str[i]!='\0'){
22            if(str[i]>='0' && str[i]<='9'){
23                number=number*10+str[i]-'0';
24                break;
25            }
26            i++;
27        }
28        printf("number=%d\n", number);
29    
```

```
    30        return 0;
    31    }
```

(1) 打开源程序 test07_6.cpp，编译后共有_____个[Error]。双击第一个错误，观察源程序中箭头位置，记录错误信息、分析出错原因并给出正确的语句。

错误信息：_____

出错原因：_____

正确语句：_____

(2) 改正错误后，对程序进行编译，没有出现错误信息。

(3) 运行程序，输入以上测试数据，运行结果为_____，与题目要求的_____（一致/不一致）。

(4) 若不一致，请模仿调试示例中的方法调试程序，并简要说明你的方法，指出错误的位置并给出正确语句。

方法：_____
_____
_____

错误行号：_____   正确语句：_____

错误行号：_____   正确语句：_____

错误行号：_____   正确语句：_____

错误行号：_____   正确语句：_____

错误行号：_____   正确语句：_____

四、拓展编程题

（1）输出大写英文字母：输入一个以回车结束的字符串（少于 80 个字符），按照输入的顺序输出该字符串中的大写英文字母，每个字母只输出一遍；若无大写英文字母则输出"Not Found"。

输入输出示例（运行 2 次）

示例 1：

  Enter a string: FONTNAME and FILENAME
  FONTAMEIL

示例 2：

  Enter a string: fontname and filename
  Not Found

（2）删除重复字符：输入一个以回车结束的字符串（少于 80 个字符），去掉重复的字符后，按照字符 ASCII 码顺序从小到大排序后输出。试编写相应程序。

输入输出示例

  Enter a string: ad2f3adjfeainzzzv
  23adefijnvz

【实验结果与分析】

将源程序、运行结果和分析以及实验中遇到的问题和解决问题的方法写在实验报告上。

实验 8　指针程序设计

8.1　指针与数组

【实验目的】

(1) 理解指针、地址和数组间的关系，能正确使用指针对一维数组进行操作。
(2) 能正确编写以指针作为函数参数的程序。
(3) 能灵活应用常用的程序调试方法，调试含有指针的程序。

【实验内容】

一、调试示例

利用指针找数组最大值：输入 n(n≤10)个整数并存入数组中，利用指针操作数组元素找出最大值，输出到屏幕上。(源程序 test08_1.cpp)

源程序(有错误的程序)

```
1    #include <stdio.h>
2    int main(void)
3    {
4        int a[10], i, n, max, *p;
5        printf("Enter n:");
6        scanf("%d", &n);
7        for(i=0; i<n; i++){
8            scanf("%d", &a[i]);
9        }
10       *p=a;                /*指针 p 指向数组首元素*/
11       max=a[0];
12       while(p<a+n){        /*调试时设置断点*/
13           if(*p>max){
14               max=p;
15           }
16           p=p+sizeof(int);
17       }
18       printf("max=%d\n", max);
19   
20       return 0;
21   }
```

运行结果（改正后程序的运行结果）

```
Enter n: 5
1  3  5  -3  -1
max = 5
```

（1）打开文件并编译。打开源程序 test08_1.cpp，编译后共有 2 个[Error]，分别指向第 10 行和第 14 行，错误信息如下：

invalid conversion from 'int *' to 'int'

分析出错原因：赋值语句错误地将地址赋值给整型变量，类型不匹配。p 是地址值，而 *p 是它指向的整型变量的值。因此，第 10 行应改为"p=a;"，第 14 行应改为"max = *p;"。改正后重新编译，没有出现错误信息。

（2）运行。运行程序，输入以上测试数据，找出的最大值为 1，结果不正确，说明程序有逻辑错误，需要通过调试找出错误并改正。

（3）调试。

① 设置 1 个断点，具体位置见源程序的注释。

② 单击按钮 ✓，输入测试数据后，程序执行到断点处，单击"添加查看"按钮，分别输入 4 个观察量 a、p、*p、max（如图 8.1 所示）。左边的调试观察窗口内容表明，输入数据正确，已存入数组 a，指针变量 p 指向数组首元素，*p、max 都为 a[0]的值 1。

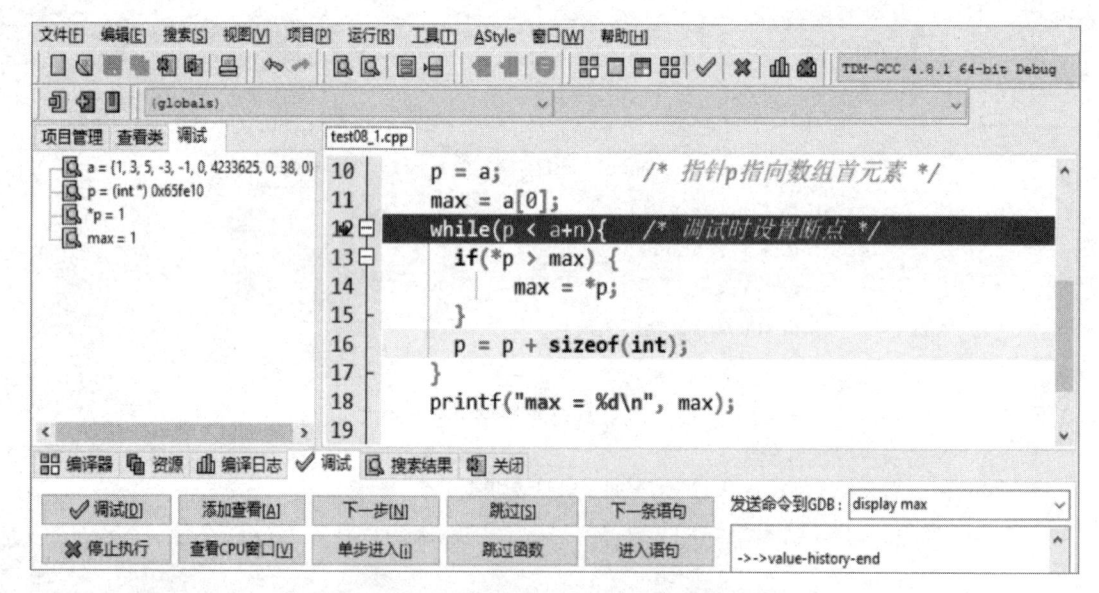

图 8.1 调试查看指针与数组的值

连续单击"下一步"按钮，直到 while 的第一次循环结束，返回至第 12 行。此时 max 的值未变化，但 p 和 *p 的内容都发生了变化，其中 *p 的值为-1，是 a[4]的值，而本应该是 a[1]的值 3。仔细分析源程序，问题出在第 16 行。整型指针变量加 1 的含义是指向下一个整数，如果一个整型占 4 个字节，其值实际加了 4，无需画蛇添足为其加上 sizeof (int)，这样反而使指针连续向后移动了 4 个整数的位置。因此第 16 行应改正为：

p=p+1;

　　③ 单击"停止执行"按钮，结束本次调试。改正上述错误后重新编译，没有出现错误信息。

　　（4）再次运行。运行程序，输入测试数据，结果符合题目的要求。调试完成。

　　（5）建议再次调试。单击按钮 ✓ ，输入数据，通过连续单击"下一步"按钮可以观察到指针变量 p 依次指向数组 a 每个元素的过程，程序运行到最后，运行窗口显示结果符合题目的要求，单击"停止执行"按钮，结束程序调试。

二、基础编程题

　　（1）利用指针找最大值：输入 2 个整数 a 和 b，输出其中的最大值。自定义一个函数 void findmax(int * px, int * py, int * pmax)，其中 px 和 py 是用户传入的两个整数的指针，函数 findmax() 找出两个指针所指向的整数中的最大值，并存放在 pmax 指向的位置。自定义主函数，并在其中调用函数 findmax()，试编写相应程序。

　　输入输出示例

```
Enter a, b: 27 86
The max is 86
```

　　（2）计算两数的和与差：输入 2 个实数 x 和 y，输出和与差。自定义一个函数 void sum_diff(float op1, float op2, float * psum, float * pdiff)，其中 op1 和 op2 是输入的两个实数，* psum 和 * pdiff 是计算得出的和与差。自定义主函数，并在其中调用函数 sum_diff()，试编写相应程序。

　　输入输出示例

```
Enter x, y: 4 6
The sum is 10.00
The diff is -2.00
```

　　（3）拆分实数的整数与小数部分：输入一个实数 x(0≤x<10000)，输出其整数和小数。自定义一个函数 void splitfloat(float x, int * intpart, float * fracpart)，其中 x 是被拆分的实数，* intpart 和 * fracpart 分别是将实数 x 拆分出来的整数部分与小数部分。自定义主函数，并在其中调用 splitfloat() 函数。试编写相应程序。

　　输入输出示例

```
Enter x: 12.4567
The intpart is 12
The fracpart is 0.456700
```

　　（4）使用函数的选择法排序：输入一个正整数 n(0<n≤10)，再输入 n 个整数存入数组 a 中，用选择法对数组 a 中的元素升序排序后输出。自定义一个函数 void sort(int a[], int n)，用于排序数组 a 中的元素。自定义主函数，并在其中调用 sort() 函数。试编写相应程序。

　　输入输出示例

```
Enter n: 6
```

```
Enter 6 integers: 1 5 -9 2 4 -6
-9 -6 1 2 4 5
```

（5）在数组中查找指定元素：输入一个正整数 n(0<n≤10)，然后输入 n 个整数存入数组 a 中，再输入一个整数 x，在数组 a 中查找 x，如果找到则输出相应元素的最小下标（下标从 0 开始），否则输出"Not found"。要求定义并调用函数 search(list, n, x)，它的功能是在数组 list 中查找元素 x，若找到则返回相应元素的最小下标（下标从 0 开始），否则返回-1。试编写相应程序。

输入输出示例（运行 2 次）

示例 1：

```
Enter n: 3
Enter 3 integers: 1 2 -6
Enter x: 2
1
```

示例 2：

```
Enter n: 5
Enter 5 integers: 1 2 2 5 4
Enter x: 0
Not found
```

三、改错题

数组循环后移：输入 2 个正整数 n(0<n≤10)和 m(m≥0)，然后输入 n 个整数存入数组 a 中，将每个整数循环向右移 m 个位置，即将最后 m 个数循环移至最前面的 m 个位置，最后输出移位后的 n 个整数。自定义函数 void mov(int a[], int n, int m)实现循环右移。（源程序 test08_2.cpp）

输入输出示例

```
Enter n, m: 5 3
1 2 3 4 5
After moved: 3 4 5 1 2
```

源程序（有错误的程序）

```
1    #include <stdio.h>
2    void mov(int *x, int n, int m);
3    int main(void)
4    {
5        int a[80], i, m, n, *p;
6
7        printf("Enter n, m:");
8        scanf("%d%d", &n, &m);
9        for(p=a, i=0; i<n; i++){
10           scanf("%d", &p++);
11       }
```

```
12          mov(a, n, m);
13          printf("After moved:");
14          for(i=0; i<n; i++){
15              printf("%5d", a[i]);
16          }
17
18          return 0;
19      }
20      void mov(int *a, int n, int m)
21      {
22          int i, j, temp;
23
24          m=m%n;
25          for(i=0; i<m; i++){
26
27              for(j=n-1; j>0; j--){
28                  a[j]=a[j-1];
29              }
30              a[0]=a[n-1];
31          }
32      }
```

（1）打开源程序 test08_2.cpp，编译后共有_____个[Error]，双击第一个错误，观察源程序中的箭头位置，记录错误信息，分析出错原因并给出正确的语句。

错误信息：_____

出错原因：_____

正确语句：_____

（2）改正上述错误后，再次进行编译和连接，没有出现错误信息。

（3）运行程序，运行结果与题目要求的_____（一致/不一致）。

（4）若不一致，请模仿调试示例中的方法调试程序，并简要说明你的方法，指出错误的位置并给出正确语句。

方法：_____

_____

错误行号：_____   正确语句：_____

错误行号：_____   正确语句：_____

四、拓展编程题

（1）报数：有 n 个人围成一圈，按顺序从 1 到 n 编号。从第一个人开始报数，报到 3 的人退出圈子，下一个人从 1 开始重新报数，报到 3 的人退出圈子。如此下去，直到留下最后一个人。问留下来的人的编号。试编写相应程序。

输入输出示例

    Enter n: 5
    Last No is 4

(2) 以动态内存分配方式计算学生成绩：输入学生人数，再输入每个学生的成绩，最后输出学生的平均成绩、最高成绩和最低成绩。要求使用动态内存分配来实现。试编写相应程序。

输入输出示例

    Enter n: 5
    78 80 90 86 92
    average score is 85.200000
    maximum score is 92
    minimum score is 78

【实验结果与分析】

将源程序、运行结果和分析以及实验中遇到的问题和解决问题的方法写在实验报告上。

8.2 指针与字符串

【实验目的】

(1) 能正确使用指针对字符串进行操作。
(2) 能灵活应用常用的程序调试方法，调试含有字符指针的程序。

【实验内容】

一、调试示例

找最小的字符串：输入 5 个字符串（每个字符串的长度小于 80），输出其中最小的字符串。（源程序 test08_3.cpp）

源程序（有错误的程序）

```
1    #include <stdio.h>
2    #include <string.h>
3    int main(void)
4    {
5        int i;
6        char str[80], min[80];
7
8        printf("Input 5 strings:\n");
9        scanf("%s", str);
10       min=str;
11       for(i=1; i<5; i++){
```

```
12              scanf("%s", str);
13              if(min>str){          /* 调试时设置断点 */
14                  min=str;
15              }
16          }
17          printf("Min is:%s\n", min);
18
19          return 0;
20      }
```

输入输出示例（改正后程序的运行结果）

```
Input 5 strings:
Li
Wang
Zhao
Jin
Xian
Min is: Jin
```

（1）打开文件并编译。打开源程序 test08_3.cpp，编译后共有 2 个[Error]，鼠标双击第一个错误，源程序中箭头指向第 10 行，错误信息是：

invalid array assignment

分析出错原因：数组名是地址常量，不能对数组名赋值，而应该调用函数 strcpy()对字符数组赋字符串。第 10 行改为"strcpy(min，str);"。同理，第 14 行也应做相同修改。改正后重新编译，没有出现错误信息。

（2）运行。运行程序，输入以上测试数据，找出的最小字符串为"Xian"，结果不正确，说明程序有逻辑错误，需要通过调试找出错误并改正。

（3）调试。设置一个断点，具体位置见源程序的注释。单击按钮 ✓，运行程序，输入"Li"和"Wang"，程序运行到断点处，单击"添加查看"按钮，分别输入 2 个观察量 str、min。左边的调试观察窗口中显示内容与输入一致。单击"下一步"按钮 2 次，执行了 if 内的语句，可以观察到 min 的内容被改写为"Wang"（如图 8.2 所示）。但是，显然字符串"Wang"大于字符串"Li"，故 if 表达式的值应该为假。出错的原因是：if 中的表达值比较的是 min 与 str 的地址值，而不是其内容（字符串）。

单击"停止执行"按钮，结束程序调试。将第 13 行改为"if(strcmp(min，str)>0){"，重新编译，没有出现错误信息。

（4）再次运行。运行程序，结果符合题目的要求。调试完成。

（5）建议再次调试。单击按钮 ✓，输入"Li"和"Wang"，程序运行到断点处，单击"下一步"按钮，没有进入 if 内执行交换语句，说明比较过程正确；继续单步调试，分别输入"Zha""Jin""Xian"，程序运行到最后，输出"Jin"，运行结果正确。单击"停止执行"按钮，结束程序调试。

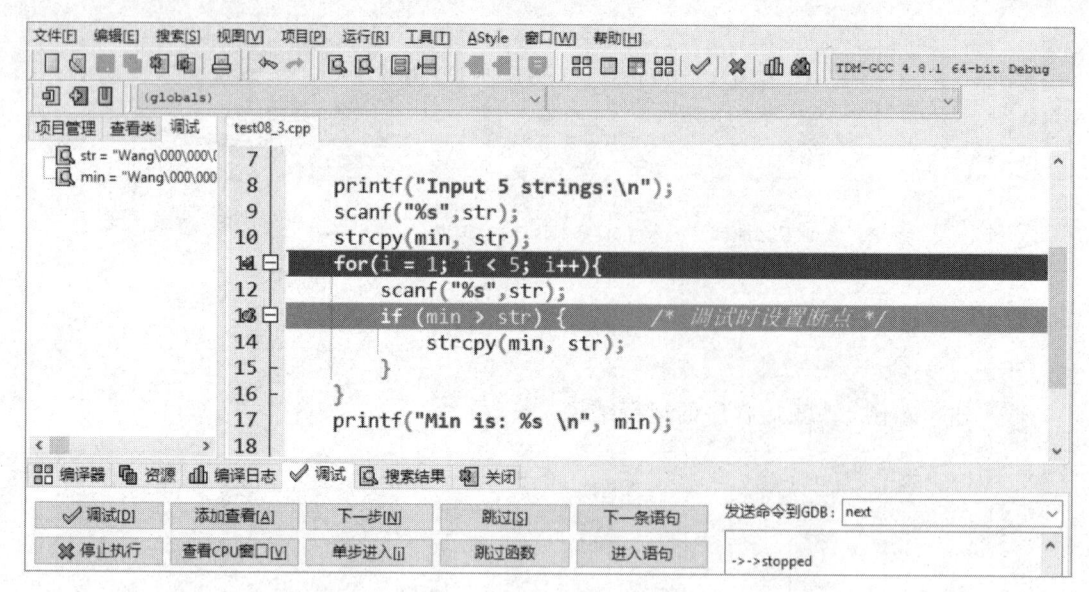

图 8.2　字符串比较错误

二、基础编程题

（1）找最长字符串：输入 n 个字符串，输出其中最长的字符串。调用函数 scanf( ) 输入字符串，试编写相应程序。

输入输出示例

    Enter n: 5
    Enter 5 strings: li wang zhang jin xian
    zhang

（2）删除字符：输入一个字符串 s，再输入一个字符 c，将字符串 s 中出现的所有字符 c 删除。要求定义并调用函数 delchar(s, c)，它的功能是将字符串 s 中出现的所有 c 字符删除。试编写相应程序。

输入输出示例

    Enter a string: happy new year
    Enter a character: a
    hppy new yer

（3）使用函数实现字符串部分复制：输入一个字符串 t 和一个正整数 m，将字符串 t 中从第 m 个字符开始的全部字符复制到字符串 s 中，再输出字符串 s。要求用字符指针定义并调用函数 strmcpy(s, t, m)，它的功能是将字符串 t 中从第 m 个字符开始的全部字符复制到字符串 s 中。试编写相应程序。

输入输出示例

    Enter a string: happy new year
    Enter a m: 7
    new year

（4）判断回文字符串：判断输入的一串字符是否为"回文"。所谓"回文"，是指顺读和倒读都一样的字符串。如"XYZYX"和"xyzzyx"都是回文。试编写相应程序。

输入输出示例（运行 2 次）

示例 1：

```
Enter a string: abcddcba
YES
```

示例 2：

```
Enter a string: abcddcb
NO
```

（5）分类统计字符个数：输入一行字符，统计其中的大写字母、小写字母、空格、数字以及其他字符的个数。试编写相应程序。

输入输出示例

```
Enter a string: bFaE3+8=1B
uppercase: 3
lowercase: 2
blank: 1
digit: 3
others: 2
```

三、改错题

连接字符串：输入两个字符串 s 和 t，将字符串 s 连接到字符串 t 的尾部，再输出字符串 t。要求定义和调用函数 strc(s，t)完成字符串的连接。（源程序 test08_4.cpp）

输入输出示例

```
Enter s: Birthday
Enter t: Happy
HappyBirthday
```

源程序（有错误的程序）

```
1    #include <stdio.h>
2    void strc(char s, char t);
3    int main(void)
4    {
5        char s[80], t[80];
6
7        printf("Enter s:");
8        gets(s);
9        printf("Enter t:");
10       gets(t);
11       strc(s, t);
12       puts(t);
```

```
13
14          return 0;
15      }
16      void strc(char s, char t)
17      {
18          while( * t!='\0'){
19              t++;
20          }
21          while(( * t= * s)!='\0'){
22              ;
23          }
24
25      }
```

(1) 打开源程序 test08_4.cpp，编译后共有_____个[Error]，双击第一个错误，观察源程序中的箭头位置，记录错误信息，分析出错原因并给出正确的语句。

错误信息：_____

出错原因：_____

错误行号：_____　　正确语句：_____

错误行号：_____　　正确语句：_____

(2) 改正上述错误后，再次进行编译和连接，没有出现错误信息。

(3) 运行程序。运行结果与题目要求的_____（一致/不一致）。

(4) 若不一致，请模仿调试示例中的方法调试程序，并简要说明你的方法，指出错误的位置并给出正确语句。

方法：_____

_____

_____

错误行号：_____　　正确语句：_____

错误行号：_____　　正确语句：_____

四、拓展编程题

(1) 字符串排序：输入 n 个字符串，按由小到大的顺序输出。调用函数 scanf( ) 输入字符串，试编写相应程序。

输入输出示例

```
Enter n: 5
Enter 5 strings: blue yellow red black green
black
blue
green
red
yellow
```

（2）长整数转化成十六进制字符串：设计一个函数 void f(long int x，char * p)，其中 x 是待转化的十进制长整数，p 指向某个字符数组的首元素。函数的功能是把转换所得的十六进制字符串写入 p 所指向的数组。设计函数 main( )，输入一个长整数，调用函数 f( )，输出十六进制结果。试编写相应程序。

输入输出示例

```
123456789
75BCD15
```

（3）IP 地址转换：一个 IP 地址是用 4 个字节（每个字节 8 个位）的二进制码组成。输入 32 位二进制字符串，输出十进制格式的 IP 地址。所输出的十进制 IP 地址由 4 个十进制数组成（分别对应 4 个 8 位的二进制数），中间用圆点分隔开。试编写相应程序。

输入输出示例

```
01111001110000111011001011101010
121.195.178.234
```

【实验结果与分析】

将源程序、运行结果和分析以及实验中遇到的问题和解决问题的方法写在实验报告上。

实验 9 结构程序设计

【实验目的】

（1）能正确使用结构变量、结构数组和结构指针编写程序。
（2）能正确编写以结构指针作为函数参数的程序。
（3）能灵活应用常用的程序调试方法，调试含有结构类型的程序。

【实验内容】

一、调试示例

计算职工工资：输入一个正整数 n（3≤n≤10），再输入 n 个职员的信息（表 9.1），要求输出每位职员的姓名和实发工资（实发工资＝基本工资＋津贴＋奖金－支出）。（源程序 test09_1.c）

表 9.1 工 资 表

姓名	基本工资/元	津贴/元	奖金/元	支出/元
Zhao	3450.00	2500.00	3000.00	895.00
Qian	3680.00	3000.00	4000.00	1068.00
Wang	4250.00	3500.00	5000.00	1275.00

源程序(有错误的程序)

```
1    #include <stdio.h>
2    int main(void)
3    {
4        struct emp{
5            char name[10];
6            double jbgz, jt, jj, zc;
7        };
8        emp s[10];
9        int i, n;
10
11       printf("n=");
12       scanf("%d", &n);
13       for(i=0; i<n; i++){
14           scanf("%s%lf%lf%lf%lf", s[i].name, s[i].&jbgz, s[i].&jt, s[i].&jj, s[i].&zc);
15       }
16       for(i=0; i<n; i++){         /* 调试时设置断点 */
17           printf("%s:%.2f\n", s[i].name, s[i].jbgz+s[i].jt+s[i].jt-s[i].zc);
18       }
19
20       return 0;
21   }
```

运行结果(改正后程序的运行结果)

```
n=3
Zhao    3450    2500    3000    895
Qian    3680    3000    4000    1068
Wang    4350    3500    5000    1275
Zhao: 7555.00
Qian: 8612.00
Wang: 10075.00
```

(1) 打开文件并编译。

① 打开源程序 test09_1.c,编译后共有 8 个[Error],鼠标双击第一个错误,源程序中的箭头指向第 8 行,错误信息:

unknown type name 'emp'

错误原因:结构数组定义语法错误,emp 是结构名,struct emp 才是结构类型名,将此行改为 "struct emp s[10];"。

② 改正错误后重新编译。发现仍然有错误,双击第一个错误,箭头指向第 14 行,错

误信息：

> expected identifier befor '&' token

错误原因：scanf( )中地址符 & 的位置错误，将此行改为：

> scanf("%s%lf%lf%lf%lf", s[i].name, &s[i].jbgz, &s[i].jt, &s[i].jj, &s[i].zc);

③ 重新编译和连接，没有出现错误信息。

（2）调试。

① 设置断点，具体位置见源程序的注释。

② 单击按钮 ✓，输入题目中给出的运行数据，程序运行到断点，单击"添加查看"按钮，输入"s"，在调试观察窗口中单击 s 前面的加号，就可以按层次展开显示结构数组 s 中的元素值，如图 9.1 所示，经查看，各元素值与输入的数据一致。

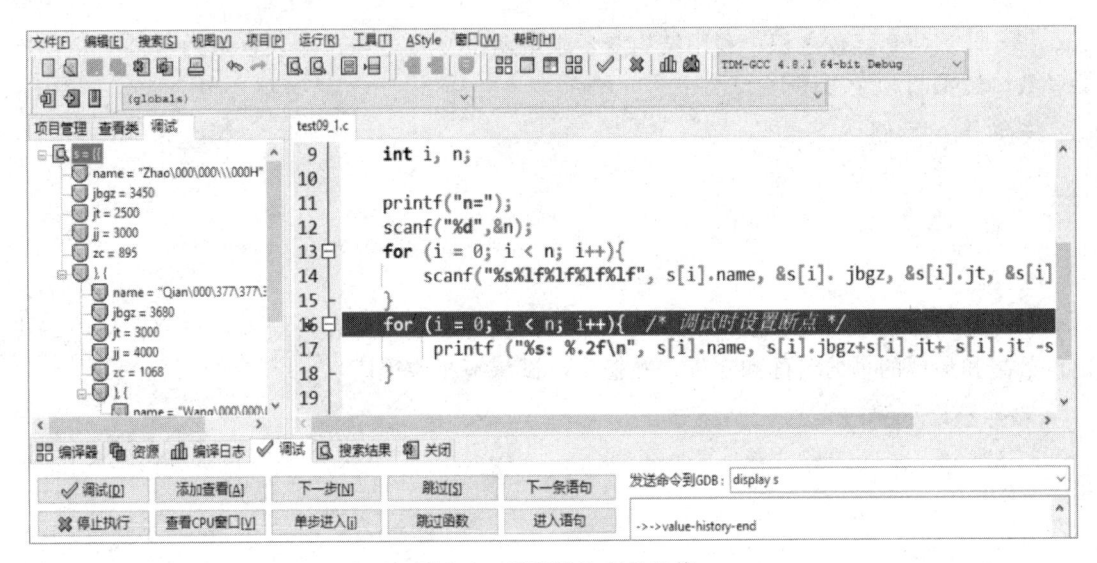

图 9.1 观察结构变量的值

③ 连续单击"下一步"按钮，程序运行到最后，运行窗口显示的结果符合题目的要求。

④ 单击"停止执行"按钮，结束程序调试。

思考：

① 在源程序的第 14 行中，为什么在 s[i].name 的前面不需要加上地址符"&"？

② 如果将本程序文件的扩展名改为 cpp，重新进行上述编译、调试操作，会有什么差别？

二、基础编程题

（1）时间换算：用结构类型表示时间内容（时间以时、分、秒表示），输入一个时间数值，再输入一个秒数 n（n<60），以 h：m：s 的格式输出该时间再过 n 秒后的时间值（超过 24 点就从 0 点开始计时）。试编写相应程序。

输入输出示例

```
11:59:40
```

```
30
12:0:10
```

(2) 计算平均成绩：建立一个学生的结构记录，包括学号、姓名和成绩。输入整数 n (n<10)，再输入 n 个学生的基本信息，要求计算并输出他们的平均成绩(保留 2 位小数)。试编写相应程序。

输入输出示例

```
3
1  zhang  70
2  wang   80
3  qian   90
80.00
```

(3) 计算两个复数之积：利用结构变量求解两个复数之积，输入复数的实部与虚部都为整数。试编写相应程序。

输入输出示例

```
3+4i
5+6i
-9+38i
```

(4) 查找书籍：从键盘输入 n(n<10)本书的名称和定价并存入结构数组中，从中查找定价最高和最低的书的名称和定价，并输出。试编写相应程序。

输入输出示例

```
3
Programming in C    21.5
Programming in VB   18.5
Programming in Delphi  25.0
25.00, Programming in Delphi
18.50, Programming in VB
```

(5) 按等级统计学生成绩：输入 10 个学生的学号、姓名和成绩，输出学生的成绩等级和不及格人数。每个学生的记录包括学号、姓名、成绩和等级，要求定义和调用函数 set_grade()，根据学生成绩设置其等级，并统计不及格人数，等级设置：85~100 为 A，70~84 为 B，60~69 为 C，0~59 为 D。试编写相应程序。

输入输出示例

```
31001 annie 85
31002 bonny 75
31003 carol 70
31004 dan 84
31005 susan 90
31006 paul 69
```

31007 pam 60
31008 apple 50
31009 nancy 100
31010 bob 78
The count(<60): 1
The student grade:
31001 annie A
31002 bonny B
31003 carol B
31004 dan B
31005 susan A
31006 paul C
31007 pam C
31008 apple D
31009 nancy A
31010 bob B

三、改错题

找出总分最高的学生：建立一个有 n(3<n≤10)个学生成绩的结构记录，包括学号、姓名和3门成绩，输出总分最高学生的姓名和总分。(源程序 test09_2.cpp)

输入输出示例

n = 5
1 Huang 78 83 75
2 Wang 76 80 77
3 Shen 87 83 76
4 Zhang 92 88 78
5 Liu 80 82 75
Zhang, 258

源程序(有错误的程序)

```
1       #include <stdio.h>
2       int main(void)
3       {
4           int i, index, j, n, max = 0;
5           struct students{
6               int number;
7               char name[20];
8               int score[3];
9               int sum;
10          };
11
12          printf("n = ");
```

```
13        scanf("%d", &n);
14        for(i=0; i<n; i++){
15            scanf("%d%s", &student[i].number, student[i].name);
16
17            for(j=0; j<3; j++){
18                scanf("%d", &student[i].score[j]);
19                student[i].sum+=student[i].score[j];
20            }
21        }
22        index=0;
23        max=student[0].sum;
24        for(i=1; i<n; i++){
25            if(max<student[i].sum){
26                index=i;
27
28            }
29        }
30        printf("%s,%d\n", student[index].name, student[index].sum);
31
32        return 0;
33   }
```

（1）打开源程序 test09_2.cpp，编译后共有_____个[Error]，双击第一个错误，观察源程序中的箭头位置，记录错误信息，分析出错原因并给出正确的语句。

错误信息：_____

出错原因：_____

正确语句：_____

（2）改正上述错误后，再次进行编译和连接，没有出现错误信息。

（3）运行程序，运行结果与题目要求的_____（一致/不一致）。

（4）如果不一致，则调试程序。在第 22 行设置断点，单击按钮 ✓ 进行程序调试，当程序运行到该断点时，添加查看变量，在调试观察窗口中查看结构数组 student 各元素中 4 个成员（number，name，score，sum）值的情况，可以观察到出现的问题：_____。

出错原因：_____

错误行号：_____   正确语句：_____

（5）改正上述错误后，再次运行程序，输入测试数据。运行结果为_____，与题目要求的_____（一致/不一致）。

（6）如果不一致，请模仿调试示例中的方法对第 24~29 行代码进行单步调试，仔细查找错误，分析出错原因并给出正确语句。

方法：_____

_____

_____

出错原因：_____
错误行号：_____ 正确语句：_____

四、拓展编程题

（1）通信录排序：通信录的结构记录包括姓名、生日、电话号码，其中生日又包括年、月、日这三项。定义一个嵌套的结构类型，输入 n(n<10)个联系人的信息，再按他们的年龄从大到小的顺序依次输出其信息。试编写相应程序。

输入输出示例

<u>3</u>
<u>zhang 1985 04 03 13912345678</u>
<u>wang 1982 10 20 0571-88018448</u>
<u>qian 1984 06 19 13609876543</u>
wang 19821020 0571-88018448
qian 19840619 13609876543
zhang 19850403 13912345678

（2）有理数比较：编写函数 CompareRational( )，比较两个有理数的大小。该函数参数为两个有理数（结构类型）。若第一个有理数小于第二个，返回-1；若相等，返回 0；若第一个有理数大于第二个，则返回 1。编写程序，接收用户输入的两对整数，分别组成两个有理数，并调用上述函数进行比较，输出比较结果。试编写相应程序。

输入输出示例

<u>1/2   3/4</u>
1/2 < 3/4

（3）平面向量加法：输入两个二维平面向量 V1 = (x1, y1)和 V2 = (x2, y2)的分量，计算并输出两个向量的和向量。试编写相应程序。

输入输出示例

<u>3.5 -2.7 -13.9 8.7</u>
(-10.4, 6.0)

【实验结果与分析】

将源程序、运行结果和分析以及实验中遇到的问题和解决问题的方法写在实验报告上。

实验 10　程序结构与递归函数

【实验目的】

（1）了解结构化程序设计的基本思想。

(2) 能正确使用文件包含、工程文件的方式组织多文件模块程序。

(3) 能正确编写递归函数。

(4) 能灵活应用常用的程序调试方法，调试含有递归函数、多文件模块的程序。

【实验内容】

一、调试示例

圆形体体积计算器：设计一个常用圆形体体积的计算器，采用命令方式输入 1、2、3，分别选择计算球体、圆柱体、圆锥体的体积，并输入计算所需的相应参数。该计算器可支持多次反复计算，只要输入 1、2、3，即计算相应圆形体的体积；如果输入其他数字，将结束计算。

本例一共包含 5 个函数，调用结构如图 10.1 所示。采用 3 个文件模块实现：test10_1_main.cpp、test10_1_cal.cpp、test10_1_vol.cpp，其中 test10_1_vol.cpp 包含 3 个函数 vol_ball( )、vol_cylind( )、vol_cone( )。

源程序（有错误的程序）

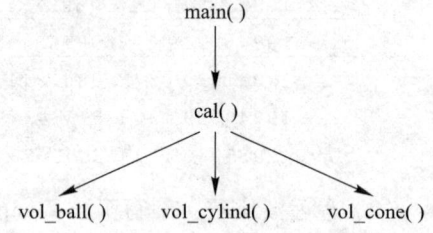

图 10.1 圆形体体积计算器函数调用结构

文件 test10_1_main.cpp

```
1      /*常用圆形体的体积计算器,1:计算球体,2:计算圆柱体,3:计算圆锥体*/
2      #include <stdio.h>
3      #include <math.h>
4      #include "test10_1_cal.c";         /*增加文件包含,连接相关函数*/
5      #include "test10_1_vol.c";         /*增加文件包含,连接相关函数*/
6      #define  PI  3.141592654
7      int main(void)
8      {
9          int sel;
10
11         /*循环选择计算圆形体的体积,直到输入非 1~3 的数字为止*/
12         while(1){           /*永久循环,通过循环体中 break 语句结束循环*/
13             printf("  1-计算球体体积");
14             printf("  2-计算圆柱体体积");
15             printf("  3-计算圆锥体体积");
16             printf("  其他-退出程序运行 \n");
17             printf("请输入计算命令:"); /*输入提示*/
18             scanf("%d", &sel);
19             if(sel<1 || sel>3){          /*输入非 1~3 的数字,循环结束*/
20                 break;
21             }else{                        /*输入 1~3,调用 cal()*/
22                 cal(sel);
23             }
24         }
```

```
25
26      return 0;
27  }
```

文件 test10_1_cal.cpp

```
1   /*常用圆形体体积计算器的主控函数*/
2   void cal(int sel)
3   {
4       double  vol_ball(void);          /*函数声明*/
5       double  vol_cylind(void);
6       double  vol_cone(void);
7
8       switch(sel){
9           case 1: /*计算球体体积*/
10              printf("球体体积为:%.2f\n", vol_ball());
11              break;
12          case 2: /*计算圆柱体体积*/
13              printf("圆柱体体积为:%.2f\n", vol_cylind());
14              break;
15          case 3: /*计算圆锥体体积*/
16              printf("圆锥体体积为:%.2f\n", vol_cone());
17              break;
18      }
19  }
```

文件 test10_1_vol.cpp

```
1   /*计算球体体积 V=4/3*PI*r*r*r*/
2   double vol_ball()
3   {
4       double r;
5
6       printf("请输入球体的半径:");
7       scanf("%lf", &r);
8
9       return(4.0/3.0*PI*r*r*r);
10  }
11
12  /*计算圆柱体体积 V=PI*r*r*h*/
13  double vol_cylind()
14  {
15      double r, h;
16
17      printf("请输入圆柱体的底圆半径和高:");
18      scanf("%lf%lf", &r, &h);
19
```

```
20          return(PI*r*r*h);
21     }
22
23     /*计算圆锥体体积V=h/3*PI*r*r*/
24     double vol_cone()
25     {
26          double r, h;
27
28          printf("请输入圆锥体的底圆半径和高:");
29          scanf("%lf%lf", &r, &h);
30
31          return(PI*r*r*h/3.0);
32     }
```

运行结果（改正后程序的运行结果）

```
1-计算球体体积   2-计算圆柱体积   3-计算圆锥体体积   其他-退出程序运行
请输入计算命令: 1
请输入球体的半径: 2
球体体积为: 33.51
1-计算球体体积   2-计算圆柱体积   3-计算圆锥体体积   其他-退出程序运行
请输入计算命令: 3
请输入圆锥体的底圆半径和高: 2.4   3
圆锥体体积为: 18.10
1-计算球体体积   2-计算圆柱体积   3-计算圆锥体体积   其他-退出程序运行
请输入计算命令: 0
```

1. 采用文件包含的方式实现

(1) 把3个源文件复制到同一个文件目录中。

(2) 使用Dev-C++打开test10_1_main.cpp文件，进行编译连接。

(3) 编译后有1个[Error]，错误信息:

```
test10_1_cal.c: No such file or directory
```

即编译预处理include中包含的文件应是test10_1_cal.cpp和test10_1_vol.cpp，而不是扩展名为c的文件。同时，编译后还有1个[Warning]，错误信息:

```
extra tokens at end of #include directive
```

即编译预处理include行尾不能有分号。

(4) 改正后重新编译，仍有编译错误，错误信息:

```
'PI' was not declared in this scope
```

由于文件包含的作用是把所指定的文件插入include所在的位置，因此"#define PI 3.141592654"宏定义位于几个函数之后，而函数中又要用到PI，所以就出现了PI先使用后定义的情况。应该把文件test10_1_main.cpp的第6行#define移到第3行后。

(5) 改正上述错误后重新编译，没有出现错误信息。

(6) 运行程序，输入测试数据，输出结果符合题目要求。

2. 采用工程文件的方式实现

通过工程将以上 3 个源程序连接起来，建立工程的方法如下。

(1) 建立工程：打开 Dev-C++，执行"文件"→"新建"→"项目"命令，在"新项目"对话框的 Basic 选项卡中单击 Console Application 选项，在"名称"文本框中输入"prog10_1"，如图 10.2 所示。然后单击"确定"按钮，在弹出窗口的"保存在"文本框中选择"C:\ C_PROGRAMMING"，单击"保存"按钮，生成扩展名为 dev 的工程文件，如图 10.3 所示。

图 10.2　建立工程

图 10.3　保存工程

(2) 添加源程序：Dev-C++ 为创建的默认的源代码程序 main.cpp，将 test10_1_main.cpp 中的代码复制到 main.cpp 中去，此时可以删除第 5 行和第 6 行；再在工程中执行"项目"→"添加"命令(如图 10.4 所示)，添加 test10_1_cal.cpp、test10_1_vol.cpp，将需要的源程序全部加到工程中。

图 10.4 添加源程序

（3）查看源程序：单击窗口左侧的工作区中的"项目管理"选项卡，展开"prog10_1"，如图 10.5 所示。窗口右侧即显示源程序，同样方式可以任意打开其他源程序。

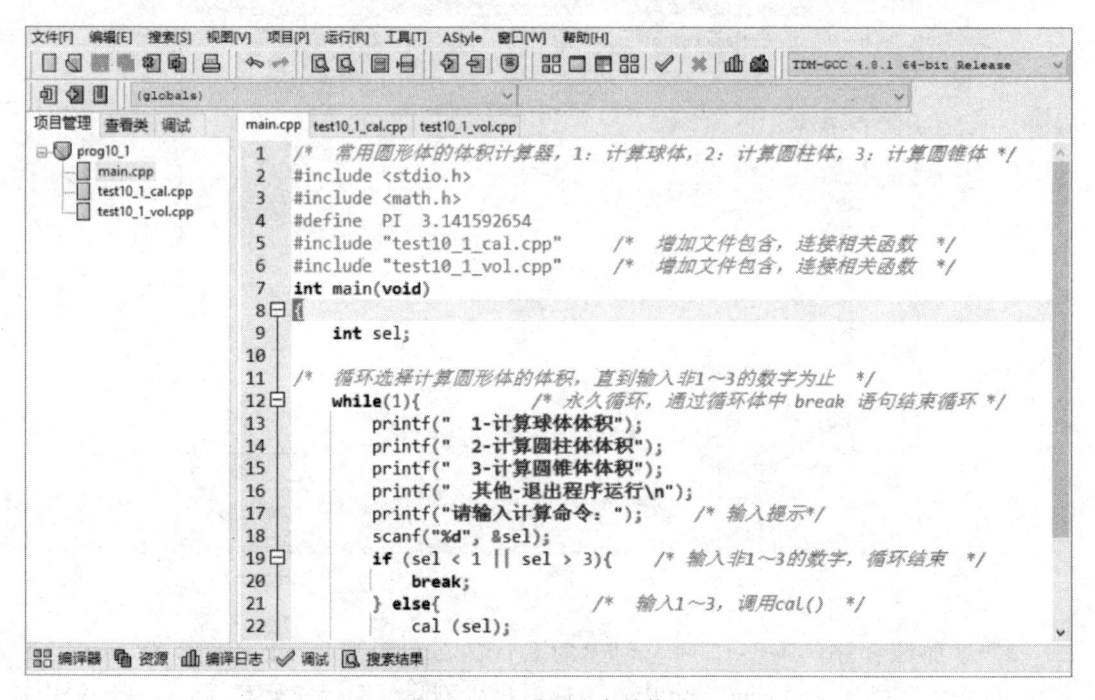

图 10.5 查看源程序并修改

(4) 编译后 main.cpp 产生错误信息：

```
'cal' was not declared in this scope
```

而另外两个源程序均产生错误信息：

```
'printf' was not declared in this scope
```

这是由于工程文件方式是对各源程序单独编译，然后在连接时再合起来，因此 test10_1_cal.cpp、test10_1_vol.cpp 中缺少 "#include <stdio.h>" 等将无法通过独立的编译。同时 main() 中没有对 cal() 进行声明，所以出现了这些错误。

在源程序 test10_1_cal.cpp、test10_1_vol.cpp 头上增加以下内容。

```
#include <stdio.h>
#include <math.h>
#define  PI 3.141592654
```

源程序 test10_1_main.cpp 中，在 main() 中进行 cal 函数声明：

```
void cal(int sel);
```

(5) 再编译、连接，运行正确。

思考：为什么文件包含实现方式中不需要在每一个源程序头上有 "#include <stdio.h>" "#include <math.h>" "#define PI 3.141592654" 等内容？

文件包含和工程文件是实现多文件模块程序的两种不同途径。其中文件包含是在程序编译连接时，把相应的文件模块插入到其所对应的#include 位置，拼接后生成可执行代码，它是标准 C 提供的功能——编译预处理。而工程文件方式先对各源程序单独编译，然后连接，它不是 C 语言本身的功能，是语言系统（如 Dev-C++）提供的功能。在实际使用中，通常把一些统一的定义、声明或符号常量内容，组成头文件（扩展名为 h），以文件包含的方式实现。而函数模块往往采用工程文件连接，但实现时要考虑到每个源程序是单独编译的，必要的定义、声明与说明不可缺少。

二、基础编程题

(1) 递归实现指数函数：输入双精度浮点数 x 和整数 n(n≥1)，求 x^n。要求定义和调用函数 calc_pow(x, n) 计算 x 的 n 次幂的值，用递归实现。试编写相应程序。

输入输出示例

```
Enter x: 2
Enter n: 3
Root = 8
```

(2) 递归计算 Ackermann 函数：输入两个整数 m 和 n(m≥0, n≥0)，输出 Ackermann 函数的值，其函数定义如下。要求定义和调用函数 ack(m, n) 计算 Ackermann 函数的值。试编写相应程序。

$$ack(m, n) = \begin{cases} n+1 & (m=0) \\ ack(m-1, 1) & (n=0, m>0) \\ ack(m-1, ack(m, n-1)) & (m>0, n>0) \end{cases}$$

输入输出示例

```
Enter m, n: 2 3
Ack(2, 3)= 9
```

(3) 递归实现顺序输出整数：输入一个正整数 n，对其进行按位顺序输出。要求定义和调用函数 printdigits(n) 将 n 的每一位数字从高位到低位顺序打印出来，每位数字占一行，用递归实现。试编写相应程序。

输入输出示例

```
Enter n: 900
9
0
0
```

(4) 递归求阶乘和：输入一个正整数 n(0<n≤10)，求 1!+2!+3!+…+n!。要求定义和调用函数 fact(n) 计算 n! 的值，定义和调用函数 factsum(n) 计算 1!+2!+…+n! 的值，这两个函数都用递归实现。试编写相应程序。

输入输出示例

```
Enter n: 3
Sum = 9
```

(5) 递归求简单交错幂级数的部分和：输入双精度浮点数 x 和整数 n(n≥1)，计算下列简单交错幂级数的部分和，计算结果保留两位小数。要求定义并调用函数 fn(x, n) 计算以下级数的部分和，用递归实现。试编写相应程序。

$$f(x, n) = x - x^2 + x^3 - x^4 + \cdots + (-1)^{n-1} x^n$$

输入输出示例（括号内为说明文字）

```
Enter x: 2
Enter n: 4
f(2, 4)= -10.00
```

(6) 统计素数：输入一个正整数 n(0<n<10) 和 n 个整数，统计其中素数的个数。要求程序由两个文件组成，一个文件中编写函数 main()，另一个文件中编写判断素数的函数，分别使用文件包含和工程文件的方式实现。

输入输出示例（括号内为说明文字）

```
Enter m, n: 5
Enter 5 numbers: 3  6  7  9  11
Count = 3
```

三、改错题

递归求 Fabonacci（斐波那契）数列：输入正整数 n(1≤n≤46)，输出 Fibonacci 数列的第 n 项。Fabonacci 数列的定义如下。要求定义和调用函数 fib(n) 计算第 n 个 Fabonacci 数，用递归实现。试编写相应程序。

$$f(n) = f(n-2) + f(n-1) \quad (n \geq 2), \quad 其中 f(0) = 0, f(1) = 1。$$

输入输出示例

```
Enter n: 6
fib(6)= 8
```

源程序（有错误的程序）

```
1       #include <stdio.h>
2       int main(void)
3       {
4           int n;
5
6           printf("Enter n:");
7           scanf("%d", &n);
8           printf("%d\n", fib(n));
9
10          return 0;
11      }
12      int fib(int n)
13      {
14          if(n==0 || n==1){
15              return 1;
16          }else{
17              fib(n)= fib(n-1)+fib(n-2);
18          }
19      }
```

（1）打开源程序 test10_2.cpp，编译后共有_____个[Error]，双击第一个错误，观察源程序中的箭头位置，记录错误信息、分析出错原因并给出正确的语句。

错误信息：_____

出错原因：_____

正确语句：_____

（2）改正上述错误后，再次编译共有_____个[Error]，双击第一个错误，观察源程序中的箭头位置，记录错误信息，分析出错原因并给出正确的语句。

错误信息：_____

出错原因：_____

正确语句：_____

（3）改正上述错误后，再次进行编译和连接，没有出现错误信息。

（4）运行程序，输入测试数据 6，运行结果为_____，与题目要求的_____（一致/不一致）。

（5）如果不一致，请模仿调试示例中的方法调试程序，并简要说明你的方法，指出错误的位置并给出正确语句。

方法：_____
_____
_____

错误行号：_____   正确语句：_____

四、拓展编程题

(1) 递归求逆序数：输入一个整数 n，输出其逆序数。要求定义并调用函数 reverse(n)，它的功能是返回 n 的逆序数，用递归实现。例如 reverse(123) 的返回值是 321。试编写相应程序。

输入输出示例（运行 2 次）

示例 1：

　　Enter n: 567
　　765

示例 2：

　　Enter n: 800
　　8

(2) 十进制转换二进制：输入一个正整数 n，将其转换为二进制后输出。要求定义并调用函数 dectobin(n)，它的功能是在一行中打印出二进制的正整数 n，用递归实现。例如，调用 dectobin(10)，输出 1010。试编写相应程序。

输入输出示例

　　Enter n: 100
　　1100100

(3) 简单加减法计算器：编制一个简单加减运算的计算器，输入计算式子的格式为：整数常量+运算符+整数常量。

输入输出示例

　　5+10
　　5+10=15

要求程序由两个文件组成，把加减运算写成函数：int Add(int a, int b)、int Sub(int a, int b)，并单独写成一个源程序文件 cal.c，分别使用文件包含和工程文件的方式实现。

(4) 三角形面积公式如下，其中 a、b、c 分别是三角形的 3 条边。

$$area=\sqrt{s\times(s-a)\times(s-b)\times(s-c)} \qquad s=(a+b+c)/2$$

请分别定义计算 s 和 area 的宏，再使用函数实现，比较两者在形式上和使用上的区别。

【实验结果与分析】

将源程序、运行结果和分析以及实验中遇到的问题和解决问题的方法写在实验报告上。

实验 11 指针进阶

11.1 指针数组、指针与函数

【实验目的】

(1) 理解指针数组及指向指针的指针(二级指针)的概念,能正确使用指针数组、二级指针编写程序。

(2) 理解指针与函数间的关系,能正确编写以指针作为函数返回值的程序。

(3) 能灵活应用常用的程序调试方法,调试使用了指针数组、二级指针或指针作为函数返回值的程序。

【实验内容】

一、调试示例

英文单词排序:输入若干有关颜色的英文单词(单词数小于 20,每个单词不超过 10 个字母),每行一个,以 "#" 作为输入结束标志,对这些单词按长度从小到大排序后输出。(源程序 test11_1.cpp)

在编写此程序时,采用这样的设计思路:用动态分配的方式处理多个字符串的输入,用指针数组组织这些字符串并排序。

源程序(有错误的程序)

```
1    #include <stdio.h>
2    #include <stdlib.h>
3    #include <string.h>
4    int main(void)
5    {
6        int i, j, n = 0;
7        char *color[20], str[10], temp[10];
8        printf("请输入颜色名称,每行一个,#结束输入:\n");
9        /*动态输入*/
10       scanf("%s", str);
11       while(str[0]!='#'){
12           color[n]=(char *)malloc(sizeof(char)*(strlen(str)+1));
13           strcpy(color[n], str);
14           n++;
15           scanf("%s", str);
16       }
17       /*排序*/
```

```
18          for(i=1; i<n; i++){
19              for(j=0; j<n-i; j++){
20                  if(strcmp(color[j], color[j+1])>0){
21                      temp=color[j];
22                      color[j]=color[j+1];
23                      color[j+1]=temp;
24                  }
25              }
26          }
27          /*输出*/
28          for(i=0; i<n; i++){          /*调试时设置断点*/
29              printf("%s", color[i]);
30          }
31          printf("\n");
32          return 0;
33      }
```

运行结果(改正后程序的运行结果)

请输入颜色名称,每行一个,#结束输入:
blue
red
yellow
green
purple
#
red blue green yellow purple

(1) 打开文件并编译。打开源程序 test11_1.cpp,编译后共有 1 个[Error],双击第一个错误,源程序中的箭头指向第 21 行,错误信息:

incompatible types in assignment of 'char *' to 'char[10]'

错误原因:将 temp 定义为字符数组是错误的,因为需交换的指针数组元素是指针值,temp 应该定义为字符指针。将第 7 行改为 "char *color[20], str[10], *temp;" 后,再次编译和连接,没有出现错误信息。

(2) 运行。运行程序,输入以上测试数据,结果不正确,说明程序有逻辑错误,需要通过调试找出错误并改正。

(3) 调试。

① 设置断点,具体位置见源程序的注释。

② 单击按钮 ✓ ,输入题目中给出的运行数据,程序运行到断点,单击"添加查看"按钮,输入"color",在调试观察窗口中可以看到指针数组 color 各元素所指向的字符串内容(如图 11.1 所示)。

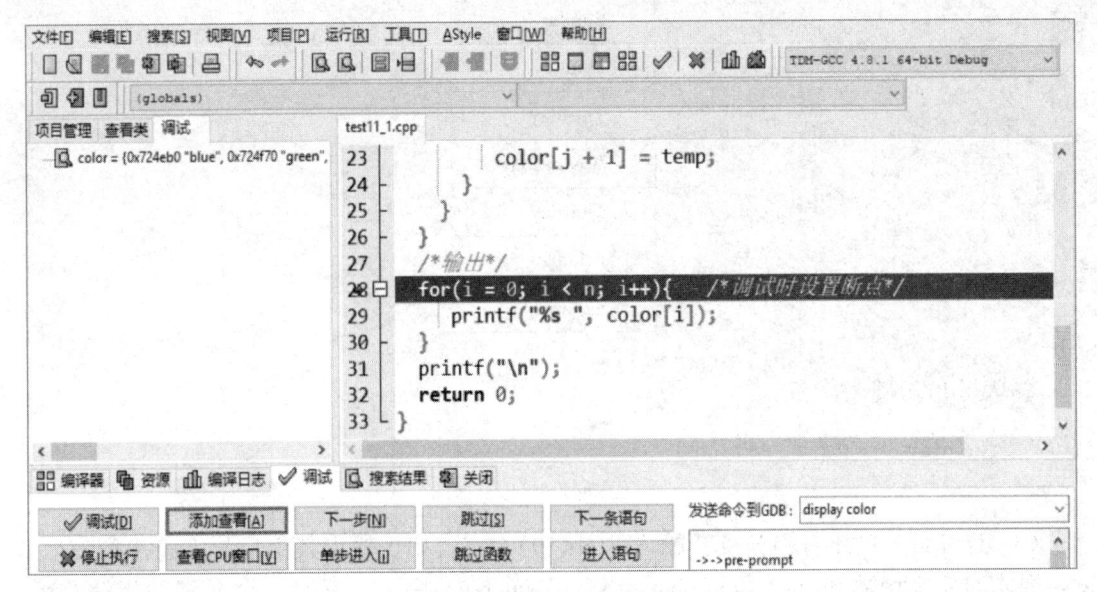

图 11.1 指针数组调试

连续单击"下一步"按钮,程序运行到最后,运行窗口显示运行结果为:

blue green purple red yellow

结果不正确,该运行结果是将单词按大小排序了。错误原因:第 20 行中的比较内容错误,比较的是字符串大小而不是长度。应将第 20 行改为:

if(strlen(color[j])>strlen(color[j+1])){

③ 单击"停止执行"按钮,结束本次调试。改正上述错误后重新编译,没有出现错误信息。

(4)再次运行。运行程序,输入测试数据,结果符合题目的要求。调试完成。

思考:

① 采用动态分配内存的方法处理多个字符串的输入有何优点?
② 在排序过程中,各单词字符串的存放位置是否被改变?

二、基础编程题

(1)输出月份英文名:输入一个月份,输出对应的英文名称,要求用指针数组表示 12 个月的英文名称。试编写相应程序。

输入输出示例

5
May

(2)查找星期:定义一个指针数组将下表的星期信息组织起来,输入一个字符串,在表中查找,若存在,输出该字符串在表中的序号,否则输出-1。试编写相应程序。

Sunday
Monday
Tuesday
Wednesday
Thurday
Friday
Saturday

输入输出示例

```
Tuesday
3
```

(3) 计算最长的字符串长度：输入 n(n<10) 个字符串，输出其中最长字符串的有效长度。要求自定义函数 int max_len(char *s[], int n)，用于计算有 n 个元素的指针数组 s 中最长的字符串的长度。试编写相应程序。

输入输出示例

```
4
blue
yellow
red
green
6
```

(4) 字符串的连接：输入两个字符串，输出连接后的字符串。要求自定义函数 char *strcat(char *s, char *t)，将字符串 t 复制到字符串 s 的末端，并且返回字符串 s 的首地址。试编写相应程序。

输入输出示例

```
abc
def
abcdef
```

(5) 指定位置输出字符串：输入一个字符串后再输入两个字符，输出此字符串中从与第 1 个字符匹配的位置开始到与第 2 个字符匹配的位置结束的所有字符。要求自定义函数 char *match(char *s, char ch1, char ch2) 返回结果字符串的首地址。试编写相应程序。

输入输出示例

```
program
r
g
rog
```

三、改错题

中文藏头诗：所谓藏头诗，就是将一首诗每一句的第一个字连起来，所组成的内容就是该诗的真正含义。本题要求将一首四行诗每句的第一个汉字（一个汉字占两个字节）连接在一起形成一个字符串并输出。（源程序 test11_2.cpp）

输入输出示例

一叶轻舟向东流
帆梢轻握杨柳手
风纤碧波微起舞
顺水任从雅客悠
一帆风顺

源程序（有错误的程序）

```
1     #include <stdio.h>
2     #include <stdlib.h>
3     char * change(char * s[], int n);
4     int main(void)
5     {
6         int i;
7         char poem[4][20], *p[4];
8
9         for(i = 0; i<4; i++){
10            scanf("%s", poem[i]);
11            p[i]=poem[i];
12        }
13
14        printf("%s\n", change(poem, 4));
15
16        return 0;
17    }
18    char * change(char * s[], int n)
19    {
20        int i;
21        char *t=(char *)malloc(9*sizeof(char));
22
23        for(i = 0; i<n; i++){
24            t[2*i]=s[i][0];
25            t[2*i+1]=*(s+i)+1;
26        }
27
28        return t;
29    }
```

(1) 打开源程序 test11_2.cpp，编译后共有_____个[Error]，双击第一个错误，观察源程序中的箭头位置，记录错误信息，分析出错原因并给出正确的语句。

错误信息：_____
出错原因：_____
正确语句：_____

(2) 改错后，再次编译，双击出现的第一个错误，观察源程序中的箭头位置，记录错误信息，分析出错原因并给出正确的语句。

错误信息：_____
出错原因：_____
正确语句：_____

(3) 改正上述错误后，再次进行编译和连接，没有出现错误信息。
(4) 运行程序，运行结果与题目要求的_____（一致/不一致）。
(5) 若不一致，请模仿调试示例中的方法调试程序，并简要说明你的方法，指出错误的位置并给出正确语句。

方法：_____
_____
_____

错误行号：_____　　正确语句：_____

思考：如果把第 21 行代码改为 "char t[9];"，程序的运行结果是否正确？为什么？

四、拓展编程题

(1) 查找子串：输入两个字符串 s 和 t，在字符串 s 中查找子串 t，输出起始位置，若不存在，则输出-1。要求自定义函数 char * search(char * s, char * t)返回子串 t 的首地址，若未找到，则返回 NULL。试编写相应程序。

输入输出示例

abcdefg
cd
3

(2) 藏尾词：输入一组英文单词(不超过 8 个)，按输入顺序将每个单词的最后一个字母连起来形成一个新单词。用返回字符指针的函数实现。试编写相应程序。

输入输出示例

4
although
zero
ship
phone
hope

【实验结果与分析】

将源程序、运行结果和分析以及实验中遇到的问题和解决问题的方法写在实验报告上。

11.2 单向链表

【实验目的】

(1) 理解单向链表的概念，掌握单向链表的基本操作，能正确使用单向链表编写程序。

(2) 能灵活应用常用的程序调试方法，调试使用了单向链表的程序。

【实验内容】

一、调试示例

建立学生信息链表：输入若干个学生的信息(学号、姓名和成绩)，当输入学号为 0 时结束，用单向链表组织这些学生信息后，再按顺序输出。(源程序 test11_3.cpp)

源程序(有错误的程序)

```
1    #include <stdio.h>
2    #include <stdlib.h>
3    #include <string.h>
4    struct stud_node{
5        int    num;
6        char   name[20];
7        int    score;
8        struct  stud_node  *next;
9    };
10   int main(void)
11   {
12       struct stud_node *head, *tail, *p;
13       int num, score;
14       char name[20];
15       int size=sizeof(struct stud_node);
16       head=tail=NULL;
17       printf("Enter num, name and score:\n");
18       scanf("%d", &num);
19       /*建立单向链表*/
20       while(num!=0){
21           p=malloc(size);
22           scanf("%s%d", name, &score);
23           p->num=num;
24           strcpy(p->name, name);
25           p->score=score;
26           p->next=NULL;
27           tail->next=p;
28           tail=p;
```

```
29              scanf("%d", &num);
30          }
31      /*输出单向链表*/
32          for(p=head; p->next!=NULL; p=p->next){   /*调试时设置断点*/
33              printf("%d %s %d\n", p->num, p->name, p->score);
34          }
35          return 0;
36      }
```

<u>输入输出示例</u>(改正后程序的运行结果)

```
Enter num, name and score:
1 zhang 78
2 wang  80
3 Li 75
4 zhao 85
0
1 zhang 78
2 wang  80
3 Li 75
4 zhao 85
```

(1) 打开文件并编译。打开源程序 test11_3.cpp，编译后共有 1 个[Error]，双击错误信息，源程序中的箭头指向第 21 行，错误信息：

```
invalid conversion from 'void *' to 'stud_node *
```

出错原因：函数 malloc() 的返回值类型是 void *，而 p 的类型是 stud_node *，类型不匹配，需强制类型转换。将第 21 行改为 "p=(stud_node *)malloc(size);" 后，再次编译和连接，没有出现错误信息。

(2) 运行。运行程序，输入第一行数据后，就结束运行了。仔细检查程序，发现在建立链表时没有考虑初始状态链表是空的情况。应在第 27 行前插入语句：

```
if(head==NULL)
    head=p;
else
```

(3) 改错并重新编译。改正上述错误后，重新编译，没有出现错误信息。

(4) 再次运行。运行程序，输入上述测试数据，运行结果与预期不符之处为：缺少最后一项输出内容。

(5) 调试。设置断点，具体位置见源程序的注释。

单击按钮 ✓，输入题目中给出的运行数据，程序运行到断点，单击"添加查看"按钮，输入"*p"，在调试观察窗口中单击前面的加号，就可以看到指针变量 p 当前所指向结点的内容。单击"下一步"按钮，随着 p 指向不同的结点，*p 的内容也相应变化(如图 11.2 所示)。

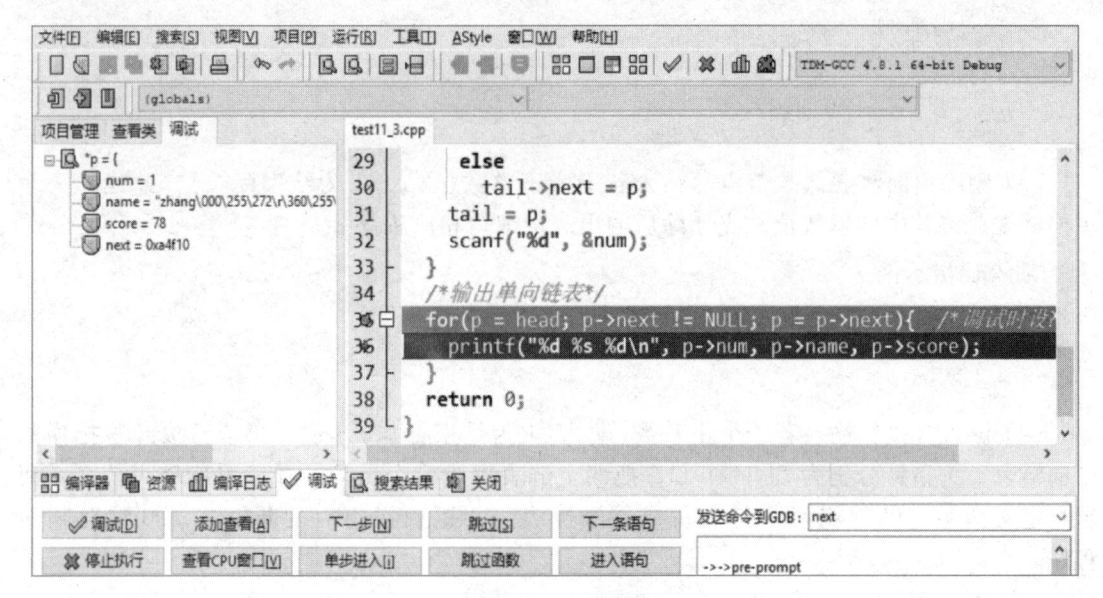

图 11.2 链表调试

继续单步运行,同时观察输出窗口的信息。发现当输出倒数第二个学生信息后 for 循环就结束了。错误原因:链表最后一个结点没有遍历。应将第 32 行改为"for(p = head; p!=NULL; p = p->next){"。

单击"停止执行"按钮,结束本次调试。改正错误后重新编译,没有出现错误信息。

(6) 再次运行。运行程序,输入测试数据,输出结果符合题目要求。调试完成。

思考:

① 为什么要用动态内存分配方式建立链表结点?
② 在本题的链表结构中,next 成员起什么作用?

二、基础编程题

(1) 单向链表建立:输入若干个学生信息(学号、姓名和成绩),输入学号为 0 时输入结束,建立一个单向链表,再输入一个成绩值,将成绩大于等于该值的学生信息输出。试编写相应程序。

输入输出示例

1 zhang 78
2 wang 80
3 Li 75
4 zhao 85
0
80
2 wang 80
4 zhao 85

(2) 逆序数据建立链表:输入若干个正整数(输入-1 为结束标志),要求按输入数据的逆序建立一个链表并输出。试编写相应程序。

输入输出示例

```
1 2 3 4 5 6 7 -1
7 6 5 4 3 2 1
```

（3）删除单向链表偶数节点：输入若干个正整数（输入-1为结束标志），并建立一个单向链表，将其中的偶数值结点删除后输出。试编写相应程序。

输入输出示例

```
1 2 3 4 5 6 7 -1
1 3 5 7
```

（4）链表拼接：输入若干个正整数（输入-1为结束标志），建立两个已按升序排序的单向链表，头指针分别为 list1、list2，把两个链表拼成一个链表，并输出新链表信息。要求自定义函数，实现将两个链表拼成一个链表，并返回拼组后的新链表。试编写相应程序。

输入输出示例

```
1 3 5 7 -1
2 4 6 -1
1 2 3 4 5 6 7
```

（5）奇数值结点链表：输入若干个正整数（输入-1为结束标志），建立一个单向链表，头指针为 L，将链表 L 中奇数值的结点重新组成一个新的链表 NEW，并输出新建链表的信息。试编写相应程序。

输入输出示例

```
1 2 3 4 5 6 7 -1
1 3 5 7
```

三、改错题

统计专业人数：输入若干个学生的学号（共 7 位，其中第 2、3 位是专业编号），以"#"作为输入结束标志，将其生成一个链表，统计链表中专业为计算机（编号为02）的学生人数。（源程序 test11_4.cpp）

输入输出示例

```
1021202
2022310
8102134
1030912
3110203
4021205
#
3
```

源程序(有错误的程序)

```
1    #include <stdio.h>
2    #include <stdlib.h>
3    #include <string.h>
4    struct node{
5        char code[8];
6        struct node * next;
7    };
8    int main(void)
9    {
10       char str[8];
11       int count, i, n, size=sizeof(struct node);
12       struct node * head, *p;
13
14       head=NULL;
15       gets(str);
16       /* 按输入数据的逆序建立链表 */
17       while(strcmp(str,"#")!=0){
18           p=(struct node *)malloc(size);
19           strcpy(p->code, str);
20           head=p->next;
21           head=p;
22           gets(str);
23       }
24       count=0;
25       for(p=head; p->next!=NULL; p=p->next){
26           if(p->(code[1])=='0' && p->(code[2])=='2'){
27               count++;
28           }
29       }
30       printf("%d\n", count);
31       return 0;
32   }
```

(1) 打开源程序 test11_4.cpp，编译后共有＿＿＿＿个[Error]，双击第一个错误，观察源程序中的箭头位置，记录错误信息，分析出错原因并给出正确的语句。

错误信息：＿＿＿＿＿＿＿＿＿＿＿＿＿＿＿＿＿＿＿＿＿＿＿＿＿＿＿＿＿＿＿＿＿＿

出错原因：＿＿＿＿＿＿＿＿＿＿＿＿＿＿＿＿＿＿＿＿＿＿＿＿＿＿＿＿＿＿＿＿＿＿

正确语句：＿＿＿＿＿＿＿＿＿＿＿＿＿＿＿＿＿＿＿＿＿＿＿＿＿＿＿＿＿＿＿＿＿＿

(2) 改正上述错误后，再次进行编译和连接，没有出现错误信息。

(3) 运行程序，输入测试数据，运行结果不对。首先对程序中的数据输入及链表建立过程进行单步调试，以查找错误。

查错过程：_____

_____

_____

错误原因：_____
错误行号：_____   正确语句：_____

（4）改正上述错误后，链表能够正确建立。再次运行程序，运行结果还是不对。现在对程序中的 for 循环部分进行单步调试，以查找错误。

查错过程：_____

_____

_____

错误原因：_____
错误行号：_____   正确语句：_____

四、拓展编程题

（1）删除结点：输入若干个正整数（输入 -1 为结束标志），建立一个单向链表，再输入一个整数 m，删除链表中值为 m 的所有结点。试编写相应程序。

输入输出示例

```
1 2 3 2 2 2 5 6 -1
2
1 3 5 6
```

（2）链表逆置：输入若干个正整数（输入 -1 为结束标志），建立一个单向链表，再将链表逆置后输出，即表头置为表尾，表尾置为表头。试编写相应程序。

输入输出示例

```
1 2 3 4 5 6 -1
6 5 4 3 2 1
```

【实验结果与分析】

将源程序、运行结果和分析以及实验中遇到的问题和解决问题的方法写在实验报告上。

实验 12　文件程序设计

【实验目的】

（1）掌握文件的基本概念，能编程实现文本文件的打开和关闭操作。
（2）能编程实现顺序读、写文本文件。
（3）能灵活应用常用的程序调试方法，调试使用了文件的程序。

【实验内容】

一、调试示例

将字符写入文件：从键盘输入一行字符，写到文件 myfile.txt 中。（源程序 test12_1.cpp）

<u>源程序</u>（有错误的程序）

```
1    #include <stdio.h>
2    #include <stdlib.h>
3    int main(void)
4    {
5        char ch;
6        FILE   fp;
7    
8        if((fp=fopen("myfile.txt","w"))!=NULL){
9            printf("Can't Open File!");
10           exit(0);
11       }
12       while((ch=getchar())=='\n'){      /* 调试时设置断点 */
13           fputc(ch, fp);
14       }
15       fclose(fp);
16       return 0;
17   }
```

<u>运行结果</u>（改正后程序的运行结果）

```
programming
```

查看程序文件所在目录下产生的文件 myfile.txt 中的内容是：

```
programming
```

（1）打开文件并编译。打开源程序 test12_1.cpp，编译程序后共有 3 个[Error]，鼠标双击第一个错误，源程序中的箭头指向第 8 行，错误信息：

```
no match for 'operator=' in 'fp=fopen(((const char * )"myfile.txt"), ((const char * )"w"))'
```

出错原因：函数 fopen() 返回的是文件指针，fp 类型定义错误。将第 6 行改为 "FILE * fp;" 后，再次编译和连接，没有出现错误信息。

（2）运行。运行程序，直接输出"Can't Open File!"，说明打开文件操作有错误。检查程序的第 8~11 行，发现第 8 行条件判断有错误，出错原因：函数 fopen() 执行失败返回值是 NULL，应将第 8 行改为 "if((fp=fopen("myfile.txt","w"))==NULL){"。

（3）改错并重新编译。改正上述错误后重新编译，没有出现错误信息。

（4）再次运行。运行程序，输入测试数据，运行正常结束。但是打开文件 myfile.txt，文件的内容为空。说明程序存在逻辑错误，需要通过调试找出错误并改正。

（5）调试。

① 设置断点，具体位置见源程序的注释。

② 单击按钮 ✓，程序运行到断点，连续单击"下一步"按钮，输入测试数据，观察到第 13 行一直没有被执行，说明第 12 行的条件判断可能有误。仔细检查该行，发现将关系运算符"！="误写为"=="。

③ 单击"停止执行"按钮，结束本次调试。改正上述错误后重新编译，没有出现错误信息。

（6）再次运行。运行程序，输入测试数据，结果符合题目的要求。调试完成。

（7）建议再次调试。

① 单击按钮 ✓，程序运行到断点，说明文件打开正确。

② 连续单击"下一步"按钮，输入"programming"，观察变量 ch 值的变化，直至运行结束。

③ 打开文件 myfile.txt，文件的内容是"programming"，符合题目的要求。

二、基础编程题

（1）统计文本文件中各类字符个数：分别统计一个文本文件中字母、数字及其他字符的个数。试编写相应程序。

（2）将实数写入文件：从键盘输入若干实数（以特殊数值-1 结束），分别写到一个文本文件中。试编写相应程序。

（3）统计成绩：从键盘输入以下 10 个学生的学号、姓名，以及数学、语文和英语成绩，写到文本文件 f3.txt 中，再从文件中取出数据，计算每个学生的总成绩和平均分，并将结果显示在屏幕上。试编写相应程序。

运行结果（以下为输出结果，输入时取前 5 列，此处省略输入数据）

学号	姓名	数学	语文	英语	总成绩	平均分
3050801	陈刚	81	75	82	238	79
3050802	王媛	87	68	85	240	80
3050803	李兵	73	84	80	237	79
3050804	曹新	76	81	74	231	77
3050805	方亮	83	75	71	229	76
3050806	何帆	89	78	91	267	89
3050807	季东	82	80	72	234	78
3050808	林海	72	76	88	236	78
3050809	盛天	89	87	76	252	84
3050810	高晶	93	86	85	264	88

（4）比较两个文本文件是否相等：比较两个文本文件的内容是否相同，并输出两个文件中第一次出现不同字符内容的行号及列值。试编写相应程序。

（5）字母转换并统计行数：读取一个指定的文本文件，显示在屏幕上，如果有大写字母，则改成小写字母再输出，并根据回车符统计行数。试编写相应程序。

三、改错题

将文件中的数据求和并写入文件末尾：文件 Int_Data.txt 中存放了若干整数，将文件

中所有数据相加，并把累加和写入该文件的最后。（源程序 test12_2.cpp）

输入输出示例（没有键盘输入和屏幕输出）

文件 Int_Data.txt 中的初始数据：
10 15 20 50 100 200 220 280 300
程序运行后，文件 Int_Data.txt 中的数据：
10 15 20 50 100 200 220 280 300 1195

源程序（有错误的程序）

```
1    #include <stdio.h>
2    #include <stdlib.h>
3    int main(void)
4    {
5        int n, sum;
6        FILE  fp;
7
8        if((fp=fopen("Int_Data.txt","r"))==NULL){
9            printf("Can't Open File!");
10           exit(0);
11       }
12       while(fscanf(fp,"%d", &n)==EOF){
13           sum=sum+n;
14       }
15       fprintf(fp," %d", sum);
16       fclose(fp);
17
18       return 0;
19   }
```

提示：
① 在运行程序前，应该首先建立文件 Int_Data.txt。
② 运行程序时，不需要从键盘输入数据，也没有屏幕输出。
③ 程序运行后，再打开文件 Int_Data.txt，检查数据是否正确。
④ 每次运行程序，都会将文件 Int_Data.txt 中所有数据的累加和写入该文件的最后，由于读写操作针对同一个文件 Int_Data.txt，故每次运行的结果都不同。

（1）打开源程序 test12_2.cpp，编译后共有_____个 [Error]，双击第一个错误，观察源程序中的箭头位置，记录错误信息，分析出错原因并给出正确的语句。

错误信息：_____

出错原因：_____
正确语句：_____
（2）改正上述错误后，再次进行编译和连接，没有出现错误信息。

（3）运行程序，发现文件 Int_Data.txt 中的最后没有出现累加和数据，显然程序存在错误。请模仿调试示例中的方法调试程序，并简要说明你的方法，指出错误的位置并给出正确语句。

方法：_____
_____

错误行号：_____　　正确语句：_____
错误行号：_____　　正确语句：_____
错误行号：_____　　正确语句：_____

四、拓展编程题

（1）输出含 for 的行：将文本文件 test.txt 中包含字符串"for"的行输出。试编写相应程序。

（2）删除文件中的注释：将 C 语言源程序（hello.c）文件中的所有注释去掉后存入另一个文件（new_hello.c）。试编写相应程序。

源程序（hello.c）

```
/* 显示"Hello World!" */              /* 注释文本 */
#include <stdio.h>                    /* 编译预处理命令 */
void main()                           /* 主函数 */
{
    printf("Hello World!\n");         /* 调用 printf 函数输出文字 */
}
```

new_hello.c 中的内容应该是：（删除 hello.c 中的注释后）：

```
#include <stdio.h>
void main()
{
    printf("Hello World!\n");
}
```

提示：
① 在运行程序前，应该首先建立 C 源程序文件 hello.c。
② 运行程序时，不需要从键盘输入数据，也没有屏幕输出。
③ 程序运行后，打开文本文件 new_hello.c，检查文件的内容是否与前面给出的信息一致。

（3）账户余额管理：创建一个随机文件，用来存储银行账户和余额信息，程序要求能够查询某个账户的余额，当客户发生交易时（正表示存入，负表示取出），并能更新账户余额。账户信息包括账号、账号名和余额 3 个数据项。试编写相应程序。

文件部分内容如下：

AcctNo	AcctName	Balance
1	zhangsan	1000.00
2	lisi	1300.00

```
    3            wangwu         -100.00
    ……
```

【实验结果与分析】

将源程序、运行结果和分析以及实验中遇到的问题和解决问题的方法写在实验报告上。

实验 13　综合程序设计

【实验目的】

(1) 培养和锻炼对具有一定复杂度和规模的问题的分析与求解能力。
(2) 掌握程序设计的综合方法，能综合应用各种数据类型实现较复杂数据的存储。
(3) 培养良好的 C 程序设计风格与代码规范意识。

【实验内容】

1. 自动售货机

如图 13.1 所示的简易自动售货机，物品架 1、2 上共有 10 样商品，按顺序进行编号，分别为 1—10。同时标有价格与名称，一个编号对应一个可操作按钮，供选择商品使用。如果物架上的商品被用户买走，储物柜中会自动取出商品送到物架上，保证物品架上一定会有商品。用户可以一次投入较多钱币，并可以选择多样商品，售货机可以一次性将商品输出并找零钱。

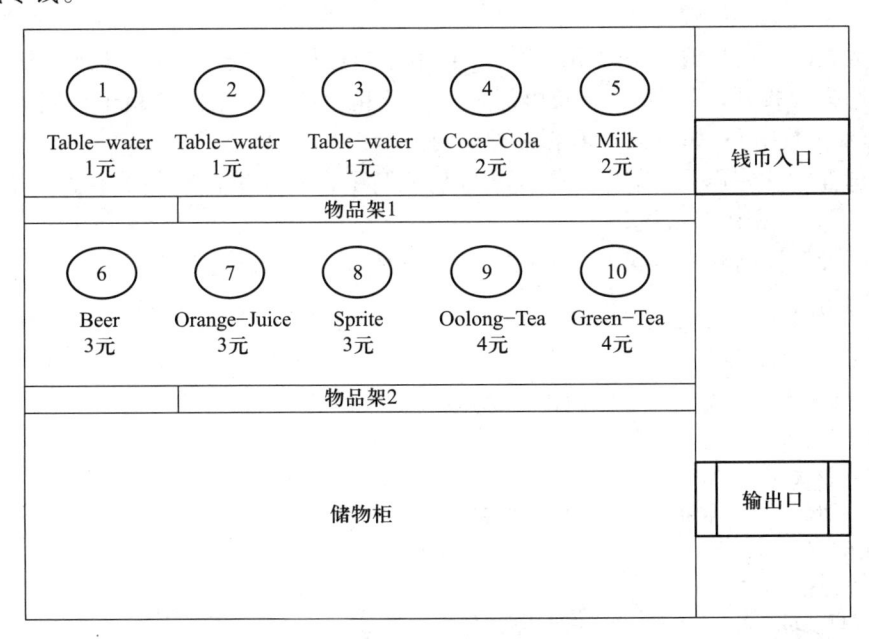

图 13.1　自动售货机示意图

用户购买商品的操作方法如下。

(1) 从"钱币入口"放入钱币，依次放入多个硬币或纸币。钱币可支持1元(纸币、硬币)、2元(纸币)、5元(纸币)、10元(纸币)，放入钱币时，控制器会先对钱币进行检验，识别出币值，并统计币值总额，显示在控制器显示屏中，提示用户确认钱币放入完毕。

(2) 用户确认钱币放入完毕，便可选择商品，只要用手指按对应商品外面的编号按钮即可。每选中一样商品，售货机控制器会判断钱币是否足够购买。如果钱币足够，自动根据编号将物品进行计数和计算所需钱币值，并提示"余额　　元"。如果钱币不足，控制器则提示"钱币不足！"。用户可以取消购买，将会把所有放入钱币退回给用户。

请为自动售货机编程，输入钱币值序列，以-1作为结束，依次输入多个购买商品编号，若编号超出范围或余额不够则输入结束，输出钱币总额与找回零钱，以及所购买商品名称及数量。

输入输出示例

<u>1 1 2 2 5 5 10 10 -1</u>　　/*钱币序列*/
<u>1 2 3 5 1 6 9 10 -1</u>　　/*物品编号*/
Total: 36yuan, change: 19yuan
Table-water: 2; Table-water: 1; Table-water: 1; Milk: 1; Beer: 1; Oolong-Tea: 1; Green-Tea: 1;

2. 自动寄存柜

某超市门口的自动寄存柜有n个寄存箱，并且有一个投币控制器，顾客想要寄存小件物品时，只要在投币控制器投入1个1元的硬币。如果此时有空闲的箱子，寄存柜就会自动打开一个空的箱子，并且打印输出一张小小的密码纸条。如果没有空闲的箱子，则提示"本柜已满"。当顾客离开超市时，用密码纸条上指定的数字密码依次输入到开箱控制器，则顾客所存包的箱子门就自动打开，顾客取走物品后关上门。

输入数据时，可先输入寄存箱总数n，再由用户选择是"投硬币"还是"输密码"。

如果选择"投硬币"，则只有硬币值是1才开箱。如果有空闲的箱子，则输出箱子编号及密码(4位数字)；如果无空闲的箱子，则提示："本柜已满"。

如果选择"输密码"，若输入的密码与某一箱子密码相符，则显示打开的箱子编号，否则输出提示："密码错误"。

请编写开箱控制程序实现上述过程。

输入输出示例

寄存箱总数：<u>10</u>
1. 投硬币　2. 输密码　0. 退出　请选择：<u>1</u>
投币值：<u>1</u>
寄存箱编号：1 密码：9342
1. 投硬币　2. 输密码　0. 退出　请选择：<u>2</u>
输入密码：<u>9342</u>
1号寄存箱已打开
1. 投硬币　2. 输密码　0. 退出　请选择：<u>0</u>
结束

3. 停车场管理

设有一个可以停放 n 辆汽车的狭长停车场,它只有一个大门可以供车辆进出。车辆按到达停车场时间的先后次序依次从停车场最里面向大门口处停放(即最先到达的第一辆车停放在停车场的最里面)。如果停车场已停满 n 辆车,则以后到达的车辆只能在停车场大门外的便道上等待,一旦停车场内有车开走,则排在便道上的第一辆车可以进入停车场。停车场内如有某辆车要开走,则在它之后进入停车场的车都必须先退出停车场为它让路,待其开出停车场后,这些车辆再依原来的次序进场。每辆车在离开停车场时,都应根据它在停车场内停留的时间长短交费,停留在便道上的车不收停车费。编写程序对该停车场进行管理。

输入数据时,先输入一个整数 n(n≤10),再输入若干组数据,每组数据包括三个数据项:汽车到达或离开的状态(A 表示到达、D 表示离开、E 表示结束)、汽车号码、汽车到达或离开的时刻。

若有车辆到达,则输出该汽车的停车位置;若有车辆离开,则输出该汽车在停车场内停留的时间。

输入输出示例

```
3
A 1 1
1 号车停入 1 号位
A 2 2
2 号车停入 2 号位
A 3 3
3 号车停入 3 号位
D 1 4
1 号车出停车场,停留时间 3
A 4 5
4 号车停入 3 号位
A 5 6
5 号车在便道上等待
D 4 7
4 号车出停车场,停留时间 2
5 号车停入 3 号位
D 5 8
5 号车出停车场,停留时间 1
E 0 0
```

4. 值班安排

医院有 A、B、C、D、E、F、G 共 7 位大夫,在一个星期内(星期一至星期天)每人要轮流值班一天,如果已知:

(1) A 大夫比 C 大夫晚 1 天值班;

(2) D 大夫比 E 大夫晚 1 天值班;

(3) E 大夫比 B 大夫早 2 天值班;

(4) B 大夫比 G 大夫早 4 天值班;

（5）F 大夫比 B 大夫晚 1 天值班；

（6）F 大夫比 C 大夫早 1 天值班；

（7）F 大夫星期四值班。

就可以确定周一至周日的值班人员分别为：E、D、B、F、C、A、G。

编写程序，根据输入的条件，输出星期一至星期天的值班人员。

输入数据时，先输入一个整数 n，再输入 n 组条件，要求能够根据输入的条件确定唯一的值班表，且输入的 n 组条件中能够直接或间接得到任意两位大夫的关联关系，例如上面的条件(2)直接显示了 D 与 E 间的关系，而通过条件(1)、(6)、(5)可以间接得到 A 与 B 的关系。

条件的输入格式有如下两种。

格式 1：编号 比较运算符 编号 天数

其中比较运算符有两种：> 或 <，分别表示"早"或"晚"。

例如："A<C1" 表示 "A 大夫比 C 大夫晚 1 天值班"。

格式 2：编号 = 数值

例如："F = 4" 表示 "F 大夫在星期四值班"。

输入输出示例

```
7
A<C1
D<E1
E>B2
B>G4
F<B1
F>C1
F = 4
EDBFCAG
```

5. 学生成绩管理

设计一个菜单驱动的学生成绩管理程序，管理 n 个学生的 m 门考试科目成绩，实现以下基本功能：

（1）能够新增学生信息，并计算总分和平均分；

（2）能够根据学号修改和删除某个学生的信息；

（3）能够显示所有学生的成绩信息；

（4）能够分别按总分和学号进行排序；

（5）能够根据学号查询该学生的基本信息；

（6）学生成绩数据最终保存在文件中，能够对文件读、写学生数据。

程序运行时，菜单形式如下：

Management for Students' scores

1. Append record

2. List record

3. Delete record

4. Modify record

5. Search record
6. Sort in descending order by sum
7. Sort in ascending order by sum
8. Sort in descending order by num
9. Sort in ascending order by num
W. Write to a File
R. Read from a File
0. Exit
Please Input your choice：

要求用模块化方式组织程序结构，合理设计各自定义函数。同时，程序能够进行异常处理，检查用户输入数据的有效性。在用户输入数据有错误（如类型错误）或无效时不会中断程序的执行，具有一定的健壮性。

6. 完美的代价

回文串是一种特殊的字符串，它从左往右读和从右往左读是一样的，有人认为回文串是一种完美的字符串。现在给出一个字符串，它不一定是回文的，请计算使该字符串变成一个回文串所需的最少交换次数。这里的交换指将字符串中两个相邻的字符互换位置。

例如所给的字符串为"mamad"，第一次交换 a 和 d，得到"mamda"，第二次交换 m 和 d，得到"madma"；第三次交换最后面的 m 和 a，得到"madam"。

编写程序，从键盘读入数据。第一行是一个整数 N（N≤80），表示所给字符串的长度，第二行是所给的字符串，长度为 N 且只包含小写英文字母。如果所给字符串能经过若干次交换变成回文串，则输出所需的最少交换次数；否则，输出 Impossible。

输入输出示例 1

```
5
mamad
3
```

输入输出示例 2

```
6
aabbcd
Impossible
```

【实验结果与分析】

对本实验中的任一实验题，在实验报告中要求完成以下内容：
（1）目的与要求：说明实验题的内容及基本要求；
（2）总体设计：功能模块划分及函数关系图；
（3）数据及数据结构设计描述：程序中关键变量定义及数据类型说明；
（4）详细设计：各功能模块的具体实现算法；
（5）测试分析：测试用例及测试结果；
（6）总结：介绍程序的完成情况，以及重点、难点以及解决方法，有待改进之处，有何收获、体会等。

第二部分
习题指导

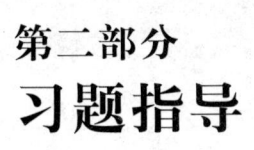

第1章 引言

一、选择题

1. 下列叙述中错误的是_____。
   A. 计算机不能直接执行用 C 语言编写的源程序
   B. C 程序经 C 编译程序编译后，生成扩展名为 obj 的文件是一个二进制文件
   C. 扩展名为 obj 的文件，经连接程序生成扩展名为 exe 的文件是一个二进制文件
   D. 扩展名为 obj 和 exe 的二进制文件都可以直接运行

2. 下列叙述中正确的是_____。
   A. C 语言程序将从源程序中第一个函数开始执行
   B. 可以在程序中由用户指定任意一个函数作为主函数，程序将从此开始执行
   C. C 语言规定必须用 main 作为主函数名，程序将从此开始执行，在此结束
   D. main 可作为用户标识符，用以命名任意一个函数作为主函数

3. 以下叙述中正确的是_____。
   A. C 程序中的注释只能出现在程序的开始位置和语句的后面
   B. C 程序书写格式严格，要求一行内只能写一个语句
   C. C 程序书写格式自由，一个语句可以写在多行上
   D. 用 C 语言编写的程序只能放在一个程序文件中

4. 下列叙述中正确的是_____。
   A. 用 C 程序实现的算法必须要有输入和输出操作
   B. 用 C 程序实现的算法可以没有输出但必须要有输入
   C. 用 C 程序实现的算法可以没有输入但必须要有输出
   D. 用 C 程序实现的算法可以既没有输入也没有输出

5. 下列叙述中错误的是_____。
   A. 用户所定义的标识符允许使用关键字
   B. 用户所定义的标识符应尽量做到"见名知意"
   C. 用户所定义的标识符必须以字母或下划线开头
   D. 用户定义的标识符中，大、小写字母代表不同标识

6. 下列不合法的用户标识符是_____。
   A. j2_KEY   B. Double   C. 4d_a   D. _8_

7. 以下选项中合法的用户标识符是_____。
   A. long   B. _2Test   C. 3Dmax   D. A.dat

8. 结构化程序由三种基本结构组成，三种基本结构组成的算法_____。
   A. 可以完成任何复杂的任务   B. 只能完成部分复杂的任务
   C. 只能完成符合结构化的任务   D. 只能完成一些简单的任务

9. 下列叙述中错误的是_____。

A．C 语言源程序经编译后生成扩展名为 obj 的目标程序
B．C 程序经过编译、连接步骤之后才能形成一个真正可执行的二进制机器指令文件
C．用 C 语言编写的程序称为源程序，它以 ASCII 代码形式存放在一个文本文件中
D．C 语言中的每条可执行语句和非执行语句最终都将被转换成二进制的机器指令

10．下列选项中不属于结构化程序设计方法的是_____。
  A．自顶向下   B．逐步求精   C．模块化   D．可复用

二、填空题

1．C 语言源程序的扩展名是_____。
2．结构化程序设计所规定的三种基本控制结构是_____、_____、_____。
3．在 C 程序中，可用{ }括起许多语句称为_____语句。
4．C 程序的基本组成单位是_____。
5．C 语言中的标识符只能由三种字符组成，它们是_____、_____和_____。
6．一个 C 源程序至少应包含一个_____。
7．程序设计语言必须具有_____和_____的能力。
8．C 语言中能直接让机器执行的是_____类型的文件。
9．C 语言的直接可执行文件是通过_____和_____生成的。
10．以下流程图的功能是_____。

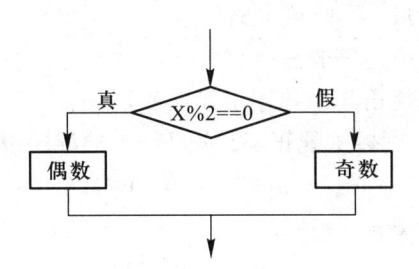

第 2 章　用 C 语言编写程序

一、选择题

1．C 语言中，运算对象必须是整型数的运算符是_____。
  A．%   B．\   C．% 和 \   D．/

2．以下能正确地定义整型变量 a，b 和 c 并为它们赋初值 5 的语句是_____。
  A．int a = b = c = 5;   B．int a，b，c = 5;
  C．a = 5，b = 5，c = 5;   D．int a = 5，b = 5，c = 5;

3．如下程序的执行结果是_____。
```
int main(void)
{   int i, sum = 0;
```

```
   for(i=1; i<=3; sum++)
       sum += i;
   printf("%d\n", sum);
   return 0;         }
```
A. 6 B. 3 C. 死循环 D. 0

4. 下列两条语句"int c1=1, c2=2, c3; c3=1.0/c2*c1;"执行后变量 c3 中的值是_____。

A. 0 B. 0.5 C. 1 D. 2

5. 下列程序的功能是：给 r 输入数据并计算半径为 r 的圆面积 s。程序在编译时出错，原因是_____。

```
int main(void)
/* hangzhou */
{   int r; float s;
    scanf("%d", &r);
    s=PI*r*r;
    printf("s=%f\n", s);
    return 0;     }
```

A. 注释语句书写位置错误
B. 存放圆半径的变量 r 不应该定义为整型
C. 输出语句中格式描述符非法
D. 计算圆面积的赋值语句中使用了非法变量

6. 设变量已正确定义，则以下能正确计算 f=n! 的程序段是_____。

A. f=0;
   for(i=1; i<=n; i++)f*=i;

B. f=1;
   for(i=1; i<n; i++)f*=i;

C. f=1;
   for(i=n; i>1; i++)f*=i;

D. f=1;
   for(i=n; i>=2; i--)f*=i;

7. 下列条件语句中，功能与其他语句不同的是_____。

A. if(a)printf("%d\n", x); else printf("%d\n", y);
B. if(a==0)printf("%d\n", y); else printf("%d\n", x);
C. if(a!=0)printf("%d\n", x); else printf("%d\n", y);
D. if(a==0)printf("%d\n", x); else printf("%d\n", y);

8. 下列程序的功能是_____。

```
int main(void)
{   int i, s=0;
    for(i=1; i<10; i+=2)
        s+=i+1;
    printf("%d\n", s);
    return 0;    }
```

A. 自然数 1~9 的累加和
B. 自然数 1~10 的累加和

C. 自然数 1~9 中的奇数之和　　　　D. 自然数 1~10 中的偶数之和

9. 下列程序的运行结果是_____。

```
int main(void)
{   int a, b, c;
    a=20; b=30; c=10;
    if(a<b)a=b;
    if(a>=b)b=c; c=a;
    printf("a=%d, b=%d, c=%d", a, b, c);
    return 0;   }
```

  A. a=20, b=10, c=20　　　　　　B. a=30, b=10, c=20
  C. a=30, b=10, c=30　　　　　　D. a=30, b=10, c=20

10. 等比数列的第一项 a=1，公比 q=2，下面程序段计算前 n 项和小于 100 的最大 n。程序划线处应填_____。

```
int main(void)
{   int a, q, n, sum;
    a=1; q=2;
    for(n=sum=0; sum<100; n++)
    {   sum += a;
        a *= q;    }
    _____;
    printf("n=%d\n", n);
    return 0;   }
```

  A. 空行　　　　B. n-=2;　　　　C. n--;　　　　D. n++;

二、填空题

1. 若想通过输入语句"scanf("a=%d, b=%d", &a, &b);"给 a 赋值 1，给 b 赋值 2，则输入数据的形式应该是_____。

2. 以下程序的输出结果是_____。

```
int main(void)
{   int a=2, b=3;
    a=a+b;
    b=a-b;
    a=a-b;
    printf("%d,%d\n", a, b);
    return 0;   }
```

3. 设有 int i, j, k; 则执行 "for(i=0, j=10; i<=j; i++, j--) k=i+j;" 循环后 k 的值为_____。

4. 设有 "int x=1, y=2;"，则表达式 1.0+x/y 的值为_____。

5. 下列程序的功能是计算 s=1+12+123+1234+12345。请填空。

```
int main(void)
```

```
  {  int t=0, s=0, i;
     for(i=1; i<=5; i++){
         t=i+_____;
         s=s+t;}
     printf("s=%d\n", s);
     return 0;    }
```

6. 若 s 的当前值为 0，执行循环语句" for(i=1; i<=10; i=i+3)s=s+i;"后，i 的值为_____。

7. 以下 for 语句的循环次数是_____次。

```
for(x=0; x<=4; x++ )
    x=x+1;
```

8. 若从键盘输入 58，则以下程序段的输出结果是_____。

```
int main(void)
{  int  a;
   scanf("%d", &a);
   if(a>50)   printf("%d", a);
   if(a>40)   printf("%d", a);
   if(a>30)   printf("%d", a);
   return 0;   }
```

9. 下列程序段的输出结果是_____。

```
int main(void)
{  float  a;
   int  b=5;
   a=5/2;
   b=b/2*a;
   printf("%f,%d\n", a, b);
   return 0;    }
```

10. 以下程序的功能是输入三个数，输出三个数中的最大值。请填空。

```
#include <stdio.h>
int main(void)
{  int x, y, z, u, v;
   scanf("%d%d%d", &x, &y, &z);
   if(_____)  u=x;
   else   u=y;
   if(_____)  v=u;
   else   v=z;
   printf("%d\n", v);
   return 0;    }
```

第 3 章　分支结构

一、选择题

1. 若变量 x、y 都为 int 型数，以下表达式中不能正确表示数学关系 |x-y|<10 的是_____。
   A．abs(x-y)<10　　　　　　　　　B．x-y>-10&& x-y<10
   C．(x-y)<-10 ||!(y-x)>10　　　　D．(x-y)*(x-y)<100

2. 若 a、b、c1、c2、x、y 均是整型变量，以下正确的 switch 语句是_____。
   A．swich(a+b);
   　　{ case 1：y=a+b；break；
   　　　case 0：y=a-b；break；}

   B．switch(a*a+b*b)
   　　{ case 3：
   　　　case 1：y=a+b；break；
   　　　case 3：y=b-a，break；　}

   C．switch a
   　　{ case c1：y=a-b；break；
   　　　case c2：x=a*d；break；
   　　　default：x=a+b；　}

   D．switch(a-b)
   　　{ default：y=a*b；break；
   　　　case 3：case 4：x=a+b；break；
   　　　case 10：case 11：y=a-b；break；}

3. 下列程序段的输出结果是_____。
   ```
   int main(void)
   {   int i;
       for(i=0; i<3; i++)
           switch(i)
           {   case 1: printf("%d", i);
               case 2: printf("%d", i);
               default: printf("%d", i);    }
       return 0;    }
   ```
   A．011122　　　　B．012　　　　C．012020　　　　D．120

4. 下列程序段的输出结果是_____。
   ```
   int main(void)
   {   int m, k=0, s=0;
       for(m=1; m<=4; m++){
       switch(m%4){
           case 0:
           case 1: s +=m; break ;
           case 2:
           case 3: s -=m; break ;    }
       k+=s;
       }
   ```

            printf("%d", k);
            return 0;   }
    A. 10   B. -2   C. -4   D. -12
5. 有定义语句"int a=1, b=2, c=3, x;",则以下各程序段执行后, x 的值不为 3 的是_____。
    A. if(c<a)x=1;   B. if(a<3)x=3;
       else if(b<a)x=2;   else if(a<2)x=2;
       else x=3;   else x=1;
    C. if(a<3)x=3;   D. if(a<b)x=b;
       if(a<2)x=2;   if(b<c)x=c;
       if(a<1)x=1;   if(c<a)x=a;
6. 下面程序运行时如果输入"-1 2 3 3 6 2<回车>",则输出结果是_____。
    ```
    int main(void)
    {   int t, a, b, i;
        for(i=1; i<=3; i++){
            scanf("%d%d", &a, &b);
            if(a>b)t=a-b;
            else if(a==b)t=1;
            else t=b-a;
            printf("%d ", t);    }
        return 0;
    }
    ```
    A. 304   B. 314   C. 134   D. 316
7. 下列程序运行时输入"7mazon<回车>",则输出结果是_____。
    ```
    int main(void)
    {   char c;
        int i;
        for(i=1; i<=5; i++)
        {   c=getchar();
            if(c>='a' && c<='u')  c+=5;
            else if(c>='v' && c<='z')  c='a'+c-'v';
            putchar(c);    }
        return 0;    }
    ```
    A. 7rfet   B. 7rfets   C. rfet   D. rfets
8. 下列程序段运行时从键盘上输入"2.0<回车>",则输出结果是_____。
    ```
    int main(void)
    {   float x, y;
        scanf("%f", &x);
        if(x<0.0)  y=0.0;
    ```

```
        else if((x<5.0)&&(x!=2.0))  y=1.0/(x+2.0);
        else if(x<10.0)y=1.0/x;
        else  y=10.0;
        printf("%f\n", y);
        return 0;      }
```

  A. 0.000000 B. 0.250000 C. 0.500000 D. 1.000000

9. 下列程序段的输出结果是_____。

```
int main(void)
{   int x=100, a=10, b=20, ok1=5, ok2=0;
    if(a<b)
        if(b!=15)
            if(!ok1)x=1;
            else
                if(ok2)x=10;
    x=-1;
    printf("%d\n", x);
    return 0;      }
```

  A. -1 B. 0 C. 1 D. 不确定的值

10. 下列程序段运行后 x 的值是_____。

```
int a=0, b=0, c=0, x=35;
if(!a)  x--;
else if(b);
if(c)  x=3;
else   x=4;
```

  A. 34 B. 4 C. 35 D. 3

二、填空题

1. C 语言中要实现多分支结构,除了用嵌套的 if 语句实现外,还可以用_____语句和_____语句实现。

2. 以下程序段的输出结果是_____。

```
int main(void)
{   int  i, m=0, n=0, k=0;
    for(i=9; i<=11; i++)
        switch(i/10)
        {   case 0:    m++; n++; break;
            case 1:    n++; break;
            default:   k++; n++;   }
    printf("%d %d %d\n", m, n, k);
    return 0;      }
```

3. 以下程序段的输出结果是_____。

```
int x=10, y=20, t=0;
if(x==y)   t=x; x=y; y=t;
printf("%d,%d\n", x, y);
```

4. 下列程序段的输出结果_____。

```
int a=1, b=2, c=3;
if(c=a)printf("%d\n", c);
else printf("%d\n"b);
```

5. 下列程序用于判断 a、b、c 能否构成三角形，若能，输出 YES，否则输出 NO。当给 a、b、c 输入三角形三条边长时，确定 a、b、c 能构成三角形的条件是需同时满足三个条件：a+b>c, a+c>b, b+c>a。请填空。

```
int main(void)
{   float a, b, c;
    scanf("%f%f%f", &a, &b, &c);
    if(_____)
         printf("YES\n"); /*a、b、c 能构成三角形*/
    else
         printf("NO\n");  /*a、b、c 不能构成三角形*/
    return 0;    }
```

6. 以下程序段的输出结果是_____。

```
int main(void)
{   int x=1, y=0, a=0, b=0;
    switch(x)
    {   case 1: switch(y)
            {   case 0: a++; break;
                case 1: b++; break;    }
        case 2: a++; b++; break;    }
    printf("%d  %d\n", a, b);
    return 0;    }
```

7. 以下程序段的输出结果是_____。

```
int main(void)
{   int n=0, m=1, x=2;
    if(!n)x-=1;
    if(m)x-=2;
    if(x)  x-=3;
    printf("%d\n", x);
    return 0;    }
```

8. 下列程序段的输出结果是_____。

```
int main(void)
{   int a=3, b=4, c=5, t=99;
```

```
        if(b<a&&a<c)t=a; a=c; c=t;
        if(a<c&&b<c)t=b, b=a, a=t;
        printf("%d%d%d\n", a, b, c);
        return 0;      }
```

9. 下列程序段的输出结果是_____。
```
    int a=10, b=20, c;
    c=(a%b<1)||(a/b>1);
    printf("%d %d %d\n", a, b, c);
```

10. 下列程序段的输出结果是_____。
```
    int main(void)
    {   int a=5, b=4, c=3, d=2;
        if(a>b>c)  printf("%d\n", d);
        else if((c-1>=d)==1)  printf("%d\n", d+1);
        else  printf("%d\n", d+2);
        return 0;      }
```

第 4 章 循环结构

一、选择题

1. 执行下面的程序后变量 a 的值为_____。
```
    int main(void)
    {   int a, b;
        for(a=1, b=1; a<=100; a++)
        {   if(b>10)break;
            if(b%3==1)
            {   b+=3;
                continue;}
            b-=3;      }
        return 0;      }
```

    A. 5   B. 6   C. 7   D. 8

2. 下列程序段的输出结果是_____。
```
    int main(void)
    {   int  i, j, x=0;
        for(i=0; i<2; i++)
        {   x++;
            for(j=0; j<=3; j++)
            {   if(j%2)
```

```
            continue;
        x++;    }
     x++;      }
     printf("x=%d\n", x);
     return 0;   }
```

  A. x = 4   B. x = 8   C. x = 6   D. x = 12

3. 以下程序段的输出结果是_____。

```
int main(void)
{  int i = 0, s = 0;
   do{
       if(i%2){ i++; continue;}
       i++;   s += i;
   }while(i<7);
   printf("%d\n", s);
   return 0;   }
```

  A. 16   B. 12   C. 28   D. 21

4. 以下程序段若要使输出值为 2，则应该从键盘给 n 输入的值是_____。

```
int   s = 0, a = 1, n;
scanf("%d", &n);
do {
    s += 1;  a = a-2;   }while(a!=n);
printf("%d\n", s);
```

  A. -1   B. -3   C. -5   D. 0

5. 要求以下程序的功能是计算：$s = 1 + \frac{1}{2} + \frac{1}{3} + \cdots + \frac{1}{10}$，但运行后输出结果错误，导致错误结果的程序行是_____。

```
int main(void)
{  int  n;   float  s;
   s = 1.0;
   for(n=10; n>1; n--)   s=s+1/n;
   printf("%6.4f\n", s);
   return 0;    }
```

  A. int n; float s;   B. for(n = 10; n>1; n--)
  C. s=s+1/n;   D. s = 1.0;

6. 以下程序段的输出结果是_____。

```
int i, j;
for(i=1; i<4; i++)
{  for(j=i; j<4; j++)  printf("%d*%d=%d ", i, j, i*j);
   printf("\n");       }
```

A. 1*1=1　　1*2=2　　1*3=3
   2*1=2　　2*2=4
   3*1=3

B. 1*1=1　　1*2=2　　1*3=3
   2*2=4　　2*3=6
   3*3=9

C. 1*1=1
   1*2=2　　2*2=4
   1*3=3　　2*3=6　　3*3=9

D. 1*1=1
   2*1=2　　2*2=4
   3*1=3　　3*2=6　　3*3=9

7. 以下程序段的输出结果是_____。

   ```
   for(int i=1; i<=5; i++)
   {  if(i%2)  printf("<");
      else     continue;
      printf(">");       }
   printf("$");
   ```

   A. <><><> $　　B. <<< $　　C. <><> $　　D. <<<>>> $

8. 若 i, j 已定义为 int 类型，则以下程序段中内循环体的总的执行次数是_____。

   ```
   for(i=5; i; i--)
       for(j=0; j<4; j++){ ... }
   ```

   A. 20　　B. 25　　C. 24　　D. 30

9. 以下程序段的输出结果是_____。

   ```
   int i, j;
   for(j=10; j<11; j++)
       for(i=9; i==j-1; i++)printf("%d", j);
   ```

   A. 11　　B. 10　　C. 9　　D. 10 11

10. 以下程序段的输出结果是_____。

    ```
    int n=9;
    while(n>6)
    {  n--;
       printf("%d", n);
    }
    ```

    A. 987　　B. 876　　C. 8765　　D. 9876

11. 以下程序段的输出结果是_____。

    ```
    int x=23;
    do{
        printf("%d", x--);
    }while(!x);
    ```

    A. 321　　B. 23　　C. 22　　D. 死循环

12. 以下程序的功能是：按顺序读入 10 名学生 4 门课程的成绩，计算每位学生的平均分并输出，但运行后结果不正确，调试中发现有一条语句出现的位置不正确。

这条语句是_____。

```
int main(void)
{   int n, k;
    float score, sum, ave;
    sum=0.0;
    for(n=1; n<=10; n++)
    {   for(k=1; k<=4; k++)
        {   scanf("%f", &score);
            sum+=score;
        }
        ave=sum/4.0;
        printf("NO%d:%f\n", n, ave);   }
    return 0;           }
```

  A. sum=0.0;
  C. ave=sun/4.0;
  B. sum+=score;
  D. printf("NO%d:%f\n", n, ave);

13. 在下列给出的表达式中，与while(E)中的(E)不等价的表达式是_____。
  A. (!E==0) B. (E>0||E<0) C. (E==0) D. (E!=0)

14. 要求通过while循环不断读入字符，当读入字母N时结束循环。若变量已正确定义，下列程序段正确的是_____。
  A. while((ch=getchar())!='N') printf("%c", ch);
  B. while(ch=getchar()!='N') printf("%c", ch);
  C. while(ch=getchar()=='N') printf("%c", ch);
  D. while((ch=getchar())=='N') printf("%c", ch);

15. 若变量已正确定义，要求程序段完成求5!的计算，以下不能完成此操作的是_____。
  A. for(i=1, p=1; i<=5; i++)p*=i;
  B. for(i=1; i<=5; i++){ p=1; p*=i;}
  C. i=1; p=1; while(i<=5){p*=i; i++;}
  D. i=1; p=1; do{ p*=i; i++;}while(i<=5);

二、填空题

1. 以下程序的功能是：键盘上输入若干个学生的成绩，统计并输出最高成绩和最低成绩，当输入负数时结束输入，请在下划线处填空。

```
int main(void)
{   float x, amax, amin;
    scanf("%f", &x);
    amax=x; amin=x;
    while(_____)
    {   if(x>amax)   amax=x;
        if(_____)   amin=x;
        scanf("%f", &x);        }
```

```
        printf("\namax=%f\namin=%f\n", amax, amin);
        return 0;      }
```

2. 以下程序运行后的输出结果是_____。

```
    int i=10, j=0;
    do{
        j=j+i;
        i--;} while(i>2);
    printf("%d\n", j);
```

3. 以下程序运行后从键盘上输入1298,则输出结果为_____。

```
    int main(void)
    {   int n1, n2;
        scanf("%d", &n2);
        while(n2!=0)
        {   n1=n2%10;
            n2=n2/10;
            printf("%d", n1);      }
        return 0;      }
```

4. 下列程序运行时,输入"1234567890<回车>",则其中 while 循环体将执行_____次。

```
    int main(void)
    {   char ch;
        while((ch=getchar())=='0')
            printf("#");
        return 0;      }
```

5. 下面程序运行时输入"-1 0",输出结果是_____。

```
    int main(void)
    {   int a, b, m=1, n=1;
        scanf("%d%d", &a, &b);
        do{
            if(a>0)  {
                m=2*n;   b++;   }
            else   {
                n=m+n;   a+=2;   b++;   }
        }while(a==b);
        printf("m=%d  n=%d", m, n );
        return 0;}
```

6. 有下列程序段,且变量已正确定义和赋值。

```
    for(s=1.0, k=1; k<=n; k++)
        s=s+1.0/(k*(k+1));
```

```
printf("s=%f\n\n", s);
```

完成下面程序段的填空，使该程序段的功能与上述完全相同。

```
s=1.0; k=1;
while(_____){
    s=s+1.0/(k*(k+1));
    _____;}
printf("s=%f\n\n", s);
```

7. 下面程序的功能是输出以下形式的金字塔图案。请填空。

```
      *
     ***
    *****
   *******
```

```
int main(void)
{   int i, j;
    for(i=1; i<=4; i++)
    {   for(j=1; j<=4-i; j++)  printf(" ");
        for(j=1; j<=_____; j++)  printf("*");
        _____;    }
    return 0;}
```

8. 下面程序段的功能是：输出 100 以内能被 3 整除且个位数为 6 的所有整数。请填空。

```
int i, j;
for(i=0; _____; i++)
{   j=i*10+6;
    if(_____)continue;
    printf("%d", j);    }
```

9. 下列程序的功能是输入任意整数给 n 后，输出 n 行由大写字母 A 开始构成的三角形字符阵列图形。如输入 n 为 5 时（n 不得大于 10），程序运行结果如下。请填空。

```
A B C D E
F G H I
J K L
M N
O
int main(void)
{   int i, j, n;
    char ch='A';
    scanf("%d", &n);
    if(n<11)
    {   for(i=1; i<=n; i++)
        {   for(j=1; j<=n-i+1; j++)
            {   printf("%2c", ch);
```

```
            _____;        }
                _____;        }
    }
    else
        printf("n is too large!\n");
    printf("\n");
    return 0;        }
```

10. 下列程序输出 1 至 100 之间的所有每位数字的积大于每位数字的和的数，请填空。如 23 即为符合要求的数字，因为 2×3>2+3。

```
int main(void)
{   int n, k=1, s=0, m;
    for(n=1; n<=100; n++)
    {   _____;
        m=n;
        while(m!=0)
        {   _____;
            _____;
            m=m/10;        }
        if(k>s)printf("%d ", n);}
    return 0;        }
```

11. 下列程序求 Sn=a+aa+aaa+⋯+aa⋯aa(n 个 a)的值，其中 a 是一个数字。例如，若 a=2，n=5 时，Sn=2+22+222+2222+22222，其值应为 24690。请填空。

```
int main(void)
{   int a, n, count=1, sn=0, tn=0;
    printf("请输入 a 和 n:\n");
    scanf("%d %d", &a, &n);
    while(count<=n){
        _____;
        sn=sn+tn;
        _____;
        count++;}
    printf("结果=%d\n", sn);
    return 0;        }
```

12. 运行下面程序时，从键盘输入 "HELLO#" 后，输出结果是_____。

```
int main(void)
{   char ch;
    while((ch=getchar())!='#')
    {   if(ch >='A' && ch <='Z' )
        {   ch=ch + 4;
            if(ch > 'Z')ch += 'A' -'Z';        }
```

```
            putchar(ch);         }
    return 0;           }
```

13. 下面程序是将一个正整数分解质因数。例如，输入 "72"，输出 "72 = 2 * 2 * 2 * 3 * 3"。请填空。

```
int main(void)
{   int First;
    int number, i;
    i = 2 ;   First = 1;
    scanf("%d", &number);
    printf("%d=", number);
    while(number!=1)
    {   if(number%i == 0)
        {   if(First)
            {   _____;
                printf("%d", i);    }
            else
                _____;
            number / = i;    }
        else i++ ;      }
    return 0;       }
```

14. 根据下式计算 S 的值，要求精确到最后一项的绝对值小于 10^{-5}。请填空。

$$S = 1 - \frac{2}{3} + \frac{3}{7} - \frac{4}{15} + \frac{5}{31} - \cdots + (-1)^{n+1} \frac{n}{2^n - 1} \cdots$$

```
int main(void)
{   double s, w = 1, f = 1;
    int i = 2;
    _____;
    while(fabs(w)>=1e-5){
        f = -f ;
        w = f * i /_____;
        s += w; i++;       }
    printf("s=%f\n", s);
    return 0;       }
```

15. 下面程序的功能是计算 1 至 10 之间的奇数之和及偶数之和。请填空。

```
int main(void)
{   int a, b, c, i;
    a = c = 0;
    for(i = 0; i <= 10; i += 2)
    {   a += i;
        _____;
```

```
            c+=b;        }
        printf("偶数之和=%d\n", a);
        printf("奇数之和=%d\n", _____);
        return 0;        }
```

第 5 章 函数

一、选择题

1. 有以下函数定义：void fun(int n, double x){ …… }。若以下选项中的变量都已正确定义并赋值，则正确调用函数 fun() 的语句是_____。
   A. fun(int y, double m);   B. k=fun(10, 12.5);
   C. fun(x, n);   D. vold fun(n, x);

2. 以下叙述中不正确的是_____。
   A. 在不同的函数中可以使用相同名字的变量
   B. 函数中的形式参数是局部变量
   C. 在一个函数内定义的变量只在本函数范围内有效
   D. 在一个函数内的复合语句中定义的变量在本函数范围内有效

3. C 语言中，函数值类型的定义可以缺省，此时函数值的隐含类型是_____。
   A. void   B. int   C. float   D. double

4. 下列程序的输出结果是_____。

   ```
   int MyFunction(int );
   int main(void)
   {   int entry=12345;
       printf("%5d", MyFunction(entry));
       return 0;        }
   int MyFunction(int Par )
   {   int result;
       result=0;
       do{
           result=result *10 + Par%10;
           Par /=10;}while(Par);
       return result;        }
   ```

   A. 12345   B. 543   C. 5432   D. 54321

5. 下列程序的输出结果是_____。

   ```
   int fun3(int x)
   {   static int a=3;
       a+= x;
   ```

```
        return(a);  }
    int main(void)
    {   int k=2, m=1, n;
        n=fun3(k); n=fun3(m);
        printf("%d\n", n);
        return 0;     }
```

A. 3   B. 4   C. 6   D. 9

6. 下列程序的运行结果是_____。

```
int x1=30, x2=40;
sub(int x, int y)
{   x1=x; x=y; y=x1;  }
int main(void)
{   int x3=10, x4=20;
    sub(x3, x4);
    sub(x2, x1);
    printf("%d,%d,%d,%d\n", x3, x4, x1, x2);
    return 0;     }
```

A. 10, 20, 40, 40   B. 10, 20, 30, 40
C. 10, 20, 40, 30   D. 20, 10, 30, 40

7. 下列程序的输出结果是_____。

```
void fun(int a, int b, int c)
{   a=456; b=567; c=678;  }
int main(void)
{   int x=10, y=20, z=30;
    fun(x, y, z);
    printf("%d,%d,%d\n", x, y, z);
    return 0;     }
```

A. 30, 20, 10   B. 10, 20, 30
C. 456, 567, 678   D. 678, 567, 456

8. 下列程序的输出结果是_____。

```
int fun(int x, int y)
{   static int m=0, i=2;
    i+=m+1;
    m=i+x+y;
    return m;     }
int main(void)
{   int j=1, m=1, k;
    k=fun(j, m); printf("%d,", k);
    k=fun(j, m); printf("%d\n", k);
    return 0;     }
```

A. 5，5　　　　　　B. 5，11　　　　　C. 11，11　　　　　D. 11，5
9. 下列程序的输出结果是_____。

```
void f(int v, int w)
{   int t;
    t=v; v=w; w=t;    }
int main(void)
{   int x=1, y=3, z=2;
    if(x>y)   f(x, y);
    else if(y>z)f(y, z);
    else f(x, z);
    printf("%d,%d,%d\n", x, y, z);
    return 0;    }
```

　　A. 1，2，3　　　　B. 3，1，2　　　　C. 1，3，2　　　　D. 2，3，1
10. 下列程序执行后输出的结果是_____。

```
int f(int a)
{   int b=0;
    static int c=3;
    a=c++, b++;
    return(a);    }
int main(void)
{   int a=2, i, k;
    for(i=0; i<2; i++)   k=f(a++);
    printf("%d\n", k);
    return 0;    }
```

　　A. 3　　　　　　　B. 0　　　　　　　C. 5　　　　　　　D. 4

二、填空题

1. 以下函数的功能是求 x 的 y 次方。请填空。

```
double fun(double x, int y)
{   int  i;
    double z;
    for(i=1, z=x; i<y; i++)_____;
    return   z;    }
```

2. 以下程序的输出结果是_____。

```
int  fun(int x, int y)
{   static int m=0, i=2;
    i = i+m+1;
    m= i+x+y;
    return m;    }
int main(void)
{   int j=4, m=1, k;
```

```
        k=fun(j, m);    printf("%d,", k);
        k=fun(j, m);    printf("%d\n", k);
        return 0;      }
```

3. 以下程序的输出结果是_____。

```
void  fun()
{   static int a=0;
    a+=2;    printf("%d", a);      }
int main(void)
{   int  cc;
    for(cc=1; cc<4; cc++)fun();
    printf("\n");
    return 0;      }
```

4. 以下函数的功能是计算 $s = 1+\dfrac{1}{2!}+\dfrac{1}{3!}+\cdots+\dfrac{1}{n!}$。请填空。

```
double fun(int n)
{   double s=0.0, fac=1.0;
    int  i;
    for(i=1; i<=n; i++)
    {   fac=_____;
        s=s+fac;     }
    return s;     }
```

5. 以下程序的输出结果是_____。

```
void fun(int x, int y)
{   x=x+y; y=x-y; x=x-y;
    printf("%d,%d,", x, y);      }
int main(void)
{   int x=2, y=3;
    fun(x, y);
    printf("%d,%d\n", x, y);
    return 0;     }
```

6. 下面 pi 函数的功能是根据以下的公式,返回满足精度 eps 要求的 π 值。请填空。

$$\dfrac{\pi}{2} = 1+\dfrac{1}{3}+\dfrac{1}{3}\cdot\dfrac{2}{5}+\dfrac{1}{3}\cdot\dfrac{2}{5}\cdot\dfrac{3}{7}+\dfrac{1}{3}\cdot\dfrac{2}{5}\cdot\dfrac{3}{7}\cdot\dfrac{3}{7}+\cdots$$

```
double pi(double eps)
{   double s=0.0, t=1.0;
    int n;
    for(_____ ; t>eps; n++)
    {   s+=t;
        t=n*t/(2*n+1);      }
```

return(2.0 * _____);   }

7. 函数 double fun(double x, int n)的功能是计算 x^n，则调用 fun 函数计算 $m=a^4+b^4-(a+b)^3$ 的函数调用语句为_____。

8. 下列程序的运行结果为_____。

```
int f(int a)
{   int b=0;
    static int c=3;
    b++;    c++;
    return(a+b+c);    }
int main(void)
{   int a=2, i;
    for(i=0; i<3; i++)
        printf("%d,", f(i));
    return 0;    }
```

9. 下面的程序计算函数 SunFun(n)=f(0)+f(1)+⋯+f(n)的值，其中 $f(x)=x^3+1$。请填空。

```
int SunFun(int n);
int f(int x);
int main(void)
{   printf("The sum=%d\n", SunFun(10));
    return 0;}
int SunFun(int n)
{   int x, _____;
    for(x=0; x<=n; x++)
        _____;
    return s;}
int f(int x){
    return _____;    }
```

10. 有下列函数定义，当执行语句"k=f(f(1));"后，变量 k 的值为_____。

```
int f(int x){
    static int k=0;
    k=k+x;
    return k;    }
```

第 6 章 数据类型和表达式

一、选择题

1. C 语言中最简单的数据类型包括_____。

A. 整型、实型、逻辑型　　　　　　　　B. 整型、实型、字符型
C. 整型、字符型、逻辑型　　　　　　　D. 整型、实型、逻辑型、字符型

2. 下列选项中，值为 1 的表达式是_____。
   A. 1-'0'　　　　B. 1-'\0'　　　　C. '1'-0　　　　D. '\0'-'0'

3. 下列程序的输出结果是_____。
   ```
   int main(void)
   {   int k=11;
       printf("k=%d, k=%o, k=%x\n", k, k, k);
       return 0;    }
   ```
   A. k=11, k=12, k=11　　　　　　　　B. k=11, k=13, k=13
   C. k=11, k=013, k=0xb　　　　　　　D. k=11, k=13, k=b

4. 设有定义 "int a=1, b=2, c=3, d=4, m=2, n=2;"，则执行表达式 "(m=a>b)&&(n=c>d)" 后，n 的值为_____。
   A. 1　　　　　　B. 2　　　　　　C. 3　　　　　　D. 0

5. 以下选项中，非法的字符常量是_____。
   A. 't'　　　　　B. '\65'　　　　C. "n"　　　　　D. '\t'

6. 下列关于单目运算符++、--的叙述正确的是_____。
   A. 它们的运算对象可以是任何变量和常量
   B. 它们的运算对象可以是 char 型变量和 int 型变量，但不能是 float 型变量
   C. 它们的运算对象可以是 int 型变量，但不能是 double 型变量和 float 型变量
   D. 它们的运算对象可以是 char 型变量、int 型变量和 float 型变量

7. 设变量 x 为 float 型且已赋值，则以下语句中能将 x 中的数值保留到小数点后两位，并将第三位四舍五入的是_____。
   A. x=x*100+0.5/100.0;　　　　　　　B. x=(x*100+0.5)/100.0;
   C. x=(int)(x*100+0.5)/100.0;　　　　D. x=(x/100+0.5)*100.0;

8. 设有定义 "int k=0;"，下列选项的 4 个表达式中与其他 3 个表达式的值不相同的是_____。
   A. k++　　　　　B. k+=1　　　　C. ++k　　　　　D. k+1

9. 已有定义 "int x=3, y=4, z=5;"，则表达式 "!(x+y)+z-1 && y+z/2" 的值是_____。
   A. 6　　　　　　B. 0　　　　　　C. 2　　　　　　D. 1

10. 已知字符 "A" 的 ASCII 代码值是 65，字符变量 c1 的值是 "A"，c2 的值是 "D"。执行语句 "printf("%d,%d", c1, c2-2);" 后，输出结果是_____。
    A. A, B　　　　B. A, 68　　　　C. 65, 66　　　　D. 65, 68

11. 在以下一组运算符中，优先级最高的运算符是_____。
    A. <=　　　　　B. =　　　　　　C. %　　　　　　D. &&

12. 若有定义 "char c1='b', c2='e';"，则语句 "printf("%d,%c\n", c2-c1, c2-'a'+'A');" 的输出结果是_____。
    A. 2, M
    B. 3, E

C. 2，E   D. 格式控制不一致，结果不确定

13. 若有定义 "char a；int b；float c；double d；"，则表达式 a * b+d-c 值的类型为_____。

   A. float   B. int   C. char   D. double

14. 与语句 "y=(x>0？1：x<0？-1：0)；" 功能相同的 if 语句是_____。

   A. if(x>0) y=1;
      else if(x<0) y=-1;
      else y=0;

   B. if(x)
         if(x>0) y=1;
         else if(x<0) y=-1;
            else y=0;

   C. y=-1;
      if(x)
         if(x>0) y=1;
         else if(x==0) y=0;
      else y=-1;

   D. y=0;
      if(x>=0)
         if(x>0) y=1;
         else y=-1;

15. 设有定义 "int a=2，b=3，c=4；"，则下列选项中值为 0 的表达式是_____。

   A. (!a==1)&&(!b==0)   B. (a<b)&&!c||1
   C. a && b   D. a||(b+b)&&(c-a)

二、填空题

1. 已定义 "char c=' '；int a=1，b；"（c 为空格字符），执行 "b=!c&&a；" 后 b 的值为_____。

2. 若变量 s 为 int 型，且其值大于 0，则表达式 s%2+(s+1)%2 的值为_____。

3. 假定 x 和 y 为 double 型，则表达式 x=2，y=x+3/2 的值为_____。

4. 假设计算机内用 2 个字节表示一个整型数据，则-5 的补码是_____。

5. 设有 "int w='A'，x=14，y=15；"，则执行 "w=((x||y)&&(w<'a'))；" 后 w 的值为_____。

6. 以下程序的输出结果是_____。

   ```
   int main(void)
   {   int p=30;
       printf("%d\n", (p/3>0 ? p/10 : p%3));
       return 0;   }
   ```

7. 下列程序的输出结果是_____。

   ```
   int main(void)
   {   int a=-1, b=4, k;
       k=(++a<0)&&!(b--<=0);
       printf("%d%d%d\n", k, a, b);
       return 0;   }
   ```

8. 下列程序的运行结果是_____。

   ```
   int k=0;
   ```

```c
void fun(int m)
{   m+=k;   k+=m;   printf("m=%dk=%d", m, k++);   }
int main(void)
{   int i=4;
    fun(i++); printf("i=%dk=%d\n", i, k);
    return 0;   }
```

9. 下列程序的输出结果是_____。

```c
int main(void)
{   int a=5, b=4, c=3, d;
    d=(a>b>c);
    printf("%d\n", d);
    return 0;   }
```

10. 下列程序的输出结果是_____。

```c
int main(void)
{   int a=0;
    a+=(a=8);
    printf("%d\n", a);
    return 0;   }
```

11. 下列程序运行时，若从键盘输入"Y？N？<回车>"，则输出结果为_____。

```c
int main(void)
{   char c;
    while((c=getchar())!='?')putchar(--c);
    return 0;   }
```

12. 已知字符 A 的 ASCII 代码值为 65，下列程序运行时若从键盘输入"B33<回车>"，则输出结果是_____。

```c
int main(void)
{   char a; int b;
    a=getchar();   scanf("%d", &b);
    a=a-'A'+'0'; b=b*2;
    printf("%c %c\n", a, b);
    return 0;   }
```

13. 设有定义 float x = 123.4567；则执行"printf("%f\n", (int)(x*100+0.5)/100.0);"语句后的输出结果是_____。

14. 以下程序的输出结果是_____。

```c
int main(void)
{   int a, b, c;
    a=25; b=025; c=0x25;
    printf("%d %d %d\n", a, b, c);
```

       return 0;   }

15. 下列程序运行时如果从键盘上输入"ABCdef<回车>",则输出结果是_____。
```
int main(void)
{   char ch;
    while((ch=getchar())!='\n')
    {   if(ch>='A' && ch<='Z')   ch=ch+32;
        else if(ch>='a' && ch<='z')   ch=ch-32;
        printf("%c", ch);}
    printf("\n");
    return 0;        }
```

第 7 章　数组

一、选择题

1. 假定 int 型变量占用两个字节，已有定义"int x[10]={0, 2, 4};"，则数组 x 在内存中所占字节数是_____。
   A. 3　　　　　　B. 6　　　　　　C. 10　　　　　　D. 20

2. 以下能正确定义数组并正确赋初值的语句是_____。
   A. int N=5, b[N][N];
   B. int a[1][2]={{1}, {3}};
   C. int c[2][]={{1, 2}, {3, 4}};
   D. int d[3][2]={{1, 2}, {34}};

3. 下述对 C 语言字符数组的描述中错误的是_____。
   A. 字符数组可以存放字符串
   B. 字符数组中的字符串可以整体输入、输出
   C. 可以在赋值语句中通过赋值运算符"="对字符数组整体赋值
   D. 不可以用关系运算符对字符数组中的字符串进行比较

4. 设有数组定义"char array[]="China";"，则数组 array 所占的空间为_____。
   A. 4 个字节　　　B. 5 个字节　　　C. 6 个字节　　　D. 7 个字节

5. 有定义"char x[]="abcdefg"; char y[]={'a', 'b', 'c', 'd', 'e', 'f', 'g'};"，则正确的叙述为_____。
   A. 数组 x 和数组 y 等价
   B. 数组 x 和数组 y 的长度相同
   C. 数组 x 的长度大于数组 y 的长度
   D. 数组 x 的长度小于数组 y 的长度

6. 下列能正确定义字符串的语句是_____。
   A. char str[]={'\064'};
   B. char str="kx43";
   C. char str=" ";
   D. char str[]="\0";

7. 下列程序的输出结果是_____。
```
int main(void)
{   int n[3], i, j, k;
```

```
        for(i=0; i<3; i++)    n[i]=0;
        k=2;
        for(i=0; i<k; i++)
            for(j=0; j<k; j++)    n[j]=n[i]+1;
        printf("%d\n", n[1]);
        return 0;    }
```

A. 2　　　　　B. 1　　　　　C. 0　　　　　D. 3

8. 以下程序的输出结果是_____。

```
int main(void)
{   static int a[3][3]={ {1, 2}, {3, 4}, {5, 6} }, i, j, s=0;
    for(i=1; i<3; i++)
        for(j=0; j<=i; j++)
            s+=a[i][j];
    printf("%d\n", s);
    return 0;    }
```

A. 18　　　　B. 19　　　　C. 20　　　　D. 21

9. 以下程序的输出结果是_____。

```
int main(void)
{   int k; char w[][10]={ "ABCD","EFGH","IJKL","MNOP"};
    for(k=1; k<3; k++)
        printf("%s\n", w[k]);
    return 0;    }
```

A. ABCD　　　B. ABCD　　　C. EFG　　　D. EFGH
   FGH　　　　　EFGH　　　　JKL　　　　IJKL
   KL　　　　　　IJKL

10. 以下程序的输出结果是_____。

```
int main(void)
{   int m[][3]={1, 4, 7, 2, 5, 8, 3, 6, 9};
    int i, j, k=2;
    for(i=0; i<3; i++)
        printf("%d ", m[k][i]);
    return 0;    }
```

A. 4 5 6　　　B. 2 5 8　　　C. 3 6 9　　　D. 7 8 9

11. 下列程序运行时输入"123<空格>456<空格>789<回车>",则输出结果是_____。

```
int main(void)
{   char s[100];    int c, i;
    scanf("%c", &c);    scanf("%d", &i);    scanf("%s", s);
    printf("%c,%d,%s\n", c, i, s);
```

                return 0;   }

        A. 123,456,789   B. 1,456,789   C. 1,23,456,789   D. 1,23,456
12. 以下程序的输出结果是_____。

    int main(void)
    {   int p[8]={11,12,13,14,15,16,17,18},i=0,j=0;
        while(i++<7)
            if(p[i]%2)j+=p[i];
        printf("%d\n",j);
        return 0;   }

        A. 42   B. 45   C. 56   D. 60
13. 有下列程序，则下列叙述中正确的是_____。

    int main(void)
    {   static char p[ ]={'a','b','c'},q[10]={ 'a','b','c'};
        printf("%d%d\n",strlen(p),strlen(q));
        return 0;   }

    A. 在给 p 和 q 数组赋初值时，系统会自动添加字符串结束符，故输出的长度都为 3
    B. 由于 p 数组中没有字符串结束符，长度不能确定，但 q 数组中字符串长度为 3
    C. 由于 q 数组中没有字符串结束符，长度不能确定，但 p 数组中字符串长度为 3
    D. 由于 p 和 q 数组中都没有字符串结束符，故长度都不能确定

14. 以下程序的输出结果是_____。

    int main(void)
    {   int x[]={1,3,5,7,2,4,6,0},i,j,k;
        for(i=0; i<3; i++)
            for(j=2; j>=i; j--)
                if(x[j+1]>x[j]){
                    k=x[j]; x[j]=x[j+1]; x[j+1]=k;   }
        for(i=0; i<3; i++)
            for(j=4; j<7-i; j++)
                if(x[j+1]>x[j]){
                    k=x[j]; x[j]=x[j+1]; x[j+1]=k;   }
        for(i=0; i<3; i++)
            for(j=4; j<7-i; j++)
                if(x[j]>x[j+1]){
                    k=x[j]; x[j]=x[j+1]; x[j+1]=k;   }
        for(i=0; i<8; i++)printf("%d",x[i]);
        printf("\n");

```
    return 0;   }
```
  A. 75310246 B. 01234567 C. 76310462 D. 13570246

15. 下列程序的运行结果是_____。

```
int main(void)
{   int a[3][3]={{1, 2, 3}, {4, 6, 2}, {9, 3, 6}}, s=0;
    int i, j, k=1;
    for(i=0; i<3; i++){
        for(j=0; j<3; j++)
            a[i][j]=a[i][j]/k;
        k++;}
    for(i=0; i<3; i++)s+=a[i][i];
    printf("%d", s);
    return 0;   }
```
  A. 3   B. 6   C. 7   D. 14

二、填空题

1. 以下程序的功能是：从键盘上输入若干个学生的成绩，统计计算出平均成绩，并输出低于平均分的学生成绩，用输入负数结束输入。请填空。

```
int main(void)
{   float  x[1000], sum=0.0, ave, a;
    int n=0, i;
    printf("Enter mark:\n");   scanf("%f", &a);
    while(a>=0.0&& n<1000)
    {   sum+_____;
        x[n]=_____;
        n++; scanf("%f", &a);    }
    ave=_____;
    printf("Output:\n");
    printf("ave=%f\n", ave);
    for(i=0; i<n; i++)
        if(_____)printf("%f\n", x[i]);
    return 0;    }
```

2. 下列程序的输出结果是_____。

```
int main(void)
{   char  b[]="Hello, you";
    b[5]=0;
    printf("%s\n", b);
    return 0;    }
```

3. 下列程序的输出结果是_____。

```
int main(void)
```

```
    {   int a[4][4]={{1,2,-3,-4},{0,-12,-13,14},{-21,23,0,-24},{-31,32,-33,0}};
        int i, j, s=0;
        for(i=0; i<4; i++)
        {   for(j=0; j<4; j++)
            {   if(a[i][j]<0)continue;
                if(a[i][j]==0)break;
                s+=a[i][j];      }
        }
        printf("%d\n", s);
        return 0;         }
```

4. 以下程序的输出结果是 _____ 。

```
    int main(void)
    {   int i, j, a[][3]={1, 2, 3, 4, 5, 6, 7, 8, 9};
        for(i=0; i<3; i++)
            for(j=i+1; j<3; j++)
                a[j][i]=0;
        for(i=0; i<3; i++)
        {   for(j=0; j<3; j++)
                printf("%d", a[i][j]);
            printf("\n");      }
        return 0;         }
```

5. 以下程序按下面指定的数据给 x 数组的下三角置数，并按如下形式输出。请填空。

```
            4
            3  7
            2  6  9
            1  5  8  10
```

```
    int main(void)
    {   int x[4][4], n=0, i, j;
        for(j=0; j<4; j++)
        for(i=3; i>=j; _____)
        {   n++; x[i][j]=_____;}
    for(i=0; i<4; i++)
    {   for(j=0; j<=i; j++)   printf("%3d", x[i][j]);
        printf("\n");    }
    return 0;         }
```

6. 以下程序把从键盘上输入的十进制数（long 型）以二到十六进制形式输出。请填空。

```
    int main(void)
    {   char b[16]={'0','1','2','3','4','5','6','7','8','9','A','B','C','D','E','F'};
        int  c[64], d, i=0, base;
        long n;
```

```
        printf("enter a number:\n"); scanf("%ld", &n);
        printf("enter new base:\n"); scanf("%d", &base);
        do{
            c[i] = _____;
            i++;  n=n/base;
        } while(n!=0);
        printf("transmite new base:\n");
        for(--i; i>=0; --i)
        { d=c[i];
            printf("%c", _____ );}
        return 0;    }
```

7. 下面程序的功能是将字符数组 a 中下标值为偶数的元素从小到大排列，其他元素不变。请填空。

```
int main(void)
{ char a[]="clanguage", t;
    int i, j, k;
    k=strlen(a);
    for(i=0; i<=k-2; i+=2)
        for(j=i+2; j<=k; _____)
            if(_____)
            { t=a[i]; a[i]=a[j]; a[j]=t;    }
    puts(a);
    return 0;    }
```

8. 下列程序运行时输入"abcd<回车>"，程序的输出结果是_____。

```
int main(void)
{ char str[40]; int i;
    scanf("%s", str);
    i=strlen(str);
    while(i>0)
    { str[2*i]=str[i]; str[2*i-1]='*'; i--; }
    printf("%s\n", str);    }
    return 0;    }
```

9. 下列程序的功能是将 N 行 N 列二维数组中每一行的元素进行排序，第 0 行从小到大排序，第 1 行从大到小排序，第 2 行从小到大排序，第 3 行从大到小排序，例如：

当 $A = \begin{vmatrix} 2 & 3 & 1 & 4 \\ 8 & 6 & 5 & 7 \\ 10 & 9 & 11 & 12 \\ 14 & 16 & 13 & 15 \end{vmatrix}$，则排序后 $A = \begin{vmatrix} 1 & 2 & 3 & 4 \\ 8 & 7 & 6 & 5 \\ 9 & 10 & 11 & 12 \\ 16 & 15 & 14 & 13 \end{vmatrix}$。

请填空。

```
#define N 4
void sort(int a[ ][N])
{   int i, j, k, t;
    for(i=0; i<N; i++)
        for(j=0; j<N-1; j++)
            for(k=_____; k<N; k++)
                /* 判断行下标是否为偶数来确定按升序或降序排序 */
                if(_____? a[i][j]<a[i][k]: a[i][j]>a[i][k])
                {   t=a[i][j];
                    a[i][j]=a[i][k];
                    a[i][k]=t;}
}
void outarr(int a[N][N])   /* 以矩阵的形式输出二维数组 */
{ ...... }
int main(void)
{   int aa[N][N]={{2,3,1,4},{8,6,5,7},{10,9,11,12},{14,16,13,15}};
    outarr(aa);
    sort(aa);
    outarr(aa);
}
```

10. 以下程序的输出结果是_____。

```
int main(void)
{   int p[7]={11, 13, 14, 15, 16, 17, 18};
    int i=0, j=0;
    while(i<7 && p[i]%2==1)j+=p[i++];
    printf("%d\n", j);
    return 0;    }
```

11. 以下程序的输出结果是_____。

```
int main(void)
{   int a[4][4]={{1,2,3,4},{5,6,7,8},{11,12,13,14},{15,16,17,18}};
    int i=0, j=0, s=0;
    while(i++<4)
    {   if(i==2||i==4)continue;
        j=0;
        do{ s+=a[i][j];
            j++;} while(j<4);
    }
    printf("%d\n", s);
    return 0;    }
```

12. 以下程序从键盘读入 20 个数据到数组中，统计其中正数的个数，并计算它们之和。请填空。

```
int main(void)
{   int i, a[20], sum, count;
    sum=count=0;
    for(i=0; i<20; i++)  scanf("%d", _____);
    for(i=0; i<20; i++)
        if(a[i]>0)
        {   count++;
            sum+=_____ }
    printf("sum=%d, count=%d\n", sum, count);
    return 0;     }
```

13. 以下程序的功能是输入一个正整数 n(1<n≤10)，再输入 n 个整数，将它们存入数组 a 中，再输入 1 个数 x，然后在数组中查找 x，如果找到，输出相应的最小下标，否则，输出"Not Found"。请填空。

```
int main(void)
{   int i, index, n, x, a[10];
    scanf("%d", &n);
    for(i=0; i<n; i++)
        scanf("%d", _____);
    scanf("%d", &x);
    _____;
    for(i=0; i<n; i++)
        if(a[i] == x){
            index=i;
            _____;     }
    if(index!=-1)
        printf("%d\n", index);
    else
        printf("Not Found\n");
    return 0;     }
```

14. 下面程序的功能是统计输入字符串(以回车结束)中元音字母的个数。请填空。

```
int main(void)
{   char s[100], alpha[]={'a', 'e', 'i', 'o', 'u'};
    static int num[5];
    int i=0, k;
    while((s[i]=getchar())!='\n')i++;
    s[i]='\0'; i=0;
    while(s[i]!='\0')  {
        for(k=0; k<5; k++)
            if(_____)  {
                num[k]++;
                _____;     }
```

```
            i++;   }
      for(k = 0; k<5; k++)
            printf("%c:%d\n", alpha[k], num[k]);
      return 0;           }
```

15. 有 15 个已经排序的数存放在一个数组中，输入一个数，要求用折半查找法找出该数是数组中第几个元素的值。如果该数不在数组中，则输出无此数。请填空。
变量说明：top，bott 为查找区间两端点的下标；loca 为查找成功与否的开关变量。

```
int main(void)
{     int N, number, top, bott, min, loca;
      int a[15] = {-3, -1, 0, 1, 2, 4, 6, 7, 8, 9, 12, 19, 21, 23, 50}; N = 15;
      printf("Input the number to be found:");   /*输入需要查找的数*/
      scanf("%d", &number);
      loca = 0;    top = 0; bott = N-1;
      if((number<a[0])||(number>a[N-1]))loca = -1;  /*不在范围内*/
      while((loca == 0)&&(top<=bott))
   {   min = _____;
        if(number == a[min])
        {   loca = min;
              printf("The serial number is  %d.\n", loca+1);     }
        else  if(number<a[min])bott = min-1;
        else  _____;      }
      if(_____)
          printf("%d isn't in tabel\n", number);
      return 0;}
```

第 8 章　指针

一、选择题

1. 若有定义 "int a[10] = {1, 2, 3, 4, 5, 6, 7, 8, 9, 10}，*p = a;"，则值为 6 的表达式是_____。
   A. *p+6   B. *(p+6)   C. *p+ = 5   D. p+5

2. 若有定义 "int n1 = 0, n2, *p = &n2, *q = &n1;"，则与赋值语句 "n2 = n1" 等价的是_____。
   A. *p = *q;   B. p = q;   C. *p = &n1;   D. p = *q;

3. 设有定义 "int a[10] = {1, 2, 3, 4, 5, 6, 7, 8, 9, 10}，*p = &a[3], b;"，则执行语句 "b = p[5];" 后变量 b 的值为_____。
   A. 5   B. 6   C. 8   D. 9

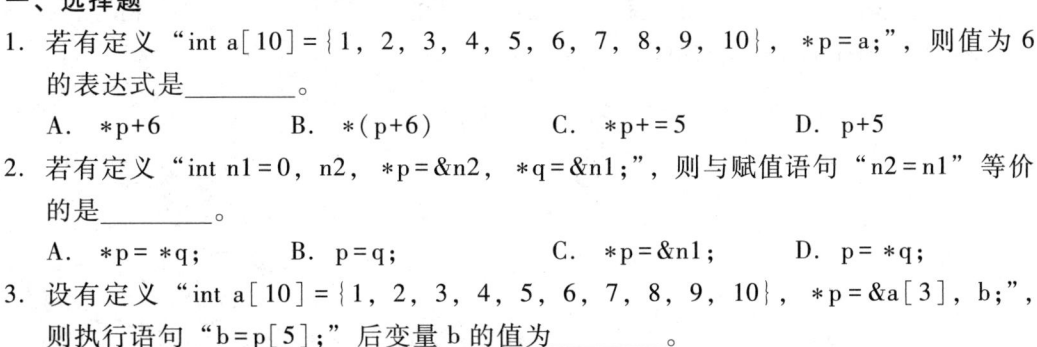

4. 以下程序的输出结果是_____。

```
int main(void)
{   int a[10]={1, 2, 3, 4, 5, 6, 7, 8, 9, 10}, *p=&a[3], *q=p+2;
    printf("%d\n", *p+*q);
    return 0;    }
```

A. 16   B. 10   C. 8   D. 6

5. 下列叙述中错误的是_____。

A. 改变函数形参的值，不会改变对应实参的值
B. 函数可以返回地址值
C. 可以给指针变量赋一个整数作为地址值
D. 当在程序的开头包含头文件 stdio.h 时，可以给指针变量赋 NULL

6. 以下程序的输出结果是_____。

```
void fun(int *x, int *y)
{   printf("%d %d", *x, *y);
    *x=3; *y=4;}
int main(void)
{   int x=1, y=2;
    fun(&y, &x);
    printf("%d %d", x, y);
    return 0;    }
```

A. 2143   B. 1212   C. 1234   D. 2112

7. 以下程序的输出结果是_____。

```
void fun(char *a, char *b)
{   a=b;   (*a)++;   }
int main(void)
{   char  c1='A', c2='a', *p1, *p2;
    p1=&c1; p2=&c2;    fun(p1, p2);
    printf("%c%c\n", c1, c2);
    return 0;    }
```

A. Ab   B. aa   C. Aa   D. Bb

8. 以下程序的输出结果是_____。

```
void f(int *q)
{   int i=0;
    for(; i<5; i++)(*q)++;}
int main(void)
{   int a[5]={1, 2, 3, 4, 5}, i;
    f(a);
    for(i=0; i<5; i++)printf("%d,", a[i]);
    return 0;    }
```

A. 2, 2, 3, 4, 5,   B. 6, 2, 3, 4, 5,
C. 1, 2, 3, 4, 5,   D. 2, 3, 4, 5, 6,

9. 下面程序输出数组中的最大值，由 s 指针指向该元素，则划线处条件应该是_____。

```
int main(void)
{   int a[10]={6, 7, 2, 9, 1, 10, 5, 8, 4, 3,}, *p, *s;
    for(p=a, s=a; p-a<10; p++)
        if(_____)  s=p;
    printf("The max:%d", *s);
    return 0;  }
```

A. p>s   B. *p>*s   C. a[p]>a[s]   D. p-a>p-s

10. 以下程序的输出结果是_____。

```
int main(void)
{   char a[]="programming", b[]="language";
    char *p1=a, *p2=b; int i;
    for(i=0; i<7; i++)
        if(*(p1+i)==*(p2+i))  printf("%c", *(p1+i));
    return 0;  }
```

A. gm   B. rg   C. or   D. ga

11. 阅读以下函数，此函数的功能是_____。

```
int fun(char *s1, char *s2)
{   int i=0;
    while(s1[i]==s2[i] && s2[i]!='\0')i++;
    return(s1[i]=='\0' && s2[i]=='\0');
}
```

A. 将 s2 所指字符串赋给 s1
B. 比较 s1 和 s2 所指字符串的大小，若 s1 比 s2 的大，函数值为 1，否则函数值为 0
C. 比较 s1 和 s2 所指字符串是否相等，若相等，函数值为 1，否则函数值为 0
D. 比较 s1 和 s2 所指字符串的长度，若 s1 比 s2 的长，函数值为 1，否则函数值为 0

12. 以下函数的功能是_____。

```
void fun(char *p2, char *p1)
{   while((*p2=*p1)!='\0')
    {   p1++;   p2++; }  }
```

A. 将 p1 所指字符串复制到 p2 所指内存空间
B. 将 p1 所指字符串的地址赋给指针 p2
C. 对 p1 和 p2 两个指针所指字符串进行比较

D. 检查 p1 和 p2 两个指针所指字符串中是否有 '\0'

13. 以下程序的输出结果是_____。

```
int fun(char s[ ])
{   int n=0;
    while(*s<='9'&&*s>='0'){n=10*n+*s-'0';   s++;}
    return(n);    }
int main(void)
{   char s[10]={'6','1','*','4','*','9','*','0','*'};
    printf("%d\n", fun(s)); return 0;    }
```

A. 9   B. 61490   C. 61   D. 5

14. 以下程序的输出结果是_____。

```
int main(void)
{   char *p1, *p2, str[50]="ABCDEFG";
    p1="abcd"; p2="efgh";
    strcpy(str+1, p2+1);   strcpy(str+3, p1+3);
    printf("%s", str);
    return 0;    }
```

A. AfghdEFG   B. Abfhd   C. Afghd   D. Afgd

15. 以下程序的输出结果是_____。

```
#include <string.h>
int main(void)
{   char p[20]={'a','b','c','d'}, q[ ]="abc",    r[ ]="abcde";
    strcpy(p+strlen(q), r);   strcat(p, q);
    printf("%d %d\n", sizeof(p), strlen(p));
    return 0;    }
```

A. 20 9   B. 9 9   C. 20 11   D. 11 11

二、填空题

1. 下列程序的运行结果是_____。

```
int x, y, z;
void p(int *x, int y)
{   --*x;
    y++;
    z=*x+y;}
int main(void)
{   x=5; y=2; z=0;
    p(&x, y);     printf("%d,%d,%d#", x, y, z);
    p(&y, x);     printf("%d,%d,%d", x, y, z);
    return 0;    }
```

2. 下列程序的功能是利用指针指向 3 个整型变量,并通过指针运算找出 3 个数中的最大值，输出到屏幕上。请填空。
```
int main(void)
{   int x, y, z, max, *px, *py, *pz, *pmax;
    scanf("%d%d%d", &x, &y, &z);
    px=&x; py=&y; pz=&z; pmax=&max;
    _____;
    if(*pmax<*py) *pmax=*py;
    if(*pmax<*pz) *pmax=*pz;
    printf("max=%d\n", max);
    return 0;    }
```

3. 下面程序的输出结果是 _____ 。
```
int main(void)
{   int a[]={2, 4, 6}, *prt=&a[0], x=8, y, z;
    for(y=0; y<3; y++)
        z=(*(prt+y)<x)?*(prt+y): x;
    printf("%d\n", z);
    return 0;    }
```

4. 以下函数的功能是删除字符串 s 中的所有数字字符。请填空。
```
void dele(char *s)
{   int n=0, i;
    for(i=0; s[i]; i++)
        if(_____)s[n++]=s[i];
    s[n]=_____;    }
```

5. 以下函数用来在 w 数组中插入元素 x，w 数组中的数已按由小到大顺序存放，n 所指存储单元中存放数组中数据的个数，插入后数组中的数仍有序。请填空。
```
void fun(char *w, char x, int *n)
{   int i, p=0;
    w[*n]=x;
    while(x>w[p])_____;
    for(i=*n; i>p; i--)w[i]=_____;
    w[p]=x; ++*n;    }
```

6. 函数 void fun(float *sn, int n) 的功能是根据以下公式计算 S，计算结果通过形参指针 sn 传回，n 通过形参传入，n 的值大于等于 0。请填空。

$$S = 1 - \frac{1}{3} + \frac{1}{5} - \frac{1}{7} + \cdots \frac{1}{2n+1}$$

```
void fun(float *sn, int n)
{   float s=0.0, w, f=-1.0;
    int i=0;
    for(i=0; i<=n; i++)
```

```
        { f = _____ * f;
          w = f/(2*i+1); s += w;        }
          _____ = s;        }
```

7. 下列程序中 huiwen( )函数的功能是检查一个字符串是否是回文。当字符串是回文时，函数返回字符串"yes!"，否则函数返回字符串"no!"，并在主函数中输出。所谓回文即正向与反向的拼写都一样，例如"adgda"。请填空。

```
char * huiwen(char * str)
{ char * p1, * p2; int i, t = 0;
  p1 = str; p2 = _____;
  for(i = 0; i <= strlen(str)/2; i++)
      if( * p1++! = * p2--){t = 1;   break;}
  if(_____)return("yes!");
  else return("no!");        }
int main(void)
{ char str[50];
  printf("Input:"); scanf("%s", str);
  printf("%s\n", _____); return 0;}
```

8. 下列程序中的函数 strcpy2( )实现字符串两次复制，即将 t 所指字符串复制两次到 s 所指内存空间中，合并形成一个新字符串。例如：若 t 所指字符串为"efgh"，调用 strcpy2 后，s 所指字符串为"efghefgh"。请填空。

```
void strcpy2(char * s, char * t)
{   char * p = t;
    while( * s++ = * t++);
    s = _____;
    while(_____ = * p++);}
int main(void)
{   char str1[100] = "abcd", str2[ ] = "efgh";
    strcpy2(str1, str2); printf("%s\n", str1); return 0;}
```

9. 下列程序运行时，如果从键盘上输入字符串"qwerty"和"abcd"，则程序的输出结果是_____。

```
int strle(char a[], char b[])
{   int num = 0, n = 0;
    while( * (a+num)! = '\0')   num++;
    while(b[n]){ * (a+num) = b[n]; num++; n++;        }
    return(num);        }
int main(void)
{ char str1[81], str2[81], * p1 = str1, * p2 = str2;
  gets(p1);    gets(p2);
  printf("%d\n", strle(p1, p2)); return 0;        }
```

10. 阅读下列程序并回答问题。

```
void funstr(char p[ ], char q[ ], int m)
{   int k=strlen(q);
    for(; p[m]!='\0'; m++)
        q[m]=p[m];     /*第4行*/
    q[m]='\0';    }
int main(void)
{   char a[100]="theVisualc++";
    char b[100]="6.0";
    int m;
    scanf("%d", &m);
    funstr(a, b, m);
    puts(b); return 0;}
```

（1）程序运行时，输入3，输出_____；输入5，输出_____。
（2）将第4行改为"q[m-k]=p[m];"，程序运行时，输入3，输出_____。

11. 下面程序运行后输入g，输出_____。

```
int main(void)
{   int i;
    char s[]="programming!", ch;
    printf("%d\t", sizeof(s));
    ch=getchar();
    for(i=0; i<strlen(s); i++)  {
        if(s[i]==ch){ strcpy(s, s+i); puts(s); break; }
    }
    return 0;
}
```

12. 以下程序的功能是将无符号八进制数字构成的字符串转换为十进制整数。例如输入的字符串为556，则输出十进制整数366。请填空。

```
int main(void)
{   char  *p, s[6];
    int  n;
    p=s;   gets(p);
    n=*p-'0';
    while(_____ !='\0')   n=n*8+*p-'0';
    printf("%d\n", n);   return 0;    }
```

13. 以下程序的输出结果是_____。

```
int main(void)
{   char a[]="123456789", *p=a; int i=0;
    while(*p)
    {   if(i%2==0) *p='*';
```

```
            p++; i++;      }
      puts(a);    return 0;    }
```

14. 以下程序运行后输入"3, abcde<回车>",则输出结果是_____。

```
void move(char *str, int n)
{  char  temp; int  i;
    temp=str[n-1];
    for(i=n-1; i>0; i--)   str[i]=str[i-1];
    str[0]=temp;   }
int main(void)
{  char   s[50]; int   n, i, z;
    scanf("%d,%s", &n, s);
    z=strlen(s);
    for(i=1; i<=n; i++)  move(s, z);
    printf("%s\n", s);
    return 0;       }
```

15. 下列程序的输出结果是_____。

```
int  f(char c,   char *s)
{   int m, n, h;
    for(n=0, h=strlen(s); n<=h;){
         m=(n+h)/2;
         if(c<s[m])h=m-1;
         else if(c>s[m])n=m+1;
         else return m;
    }
    return -1;}
int main(void)
{  printf("%d", f('g',"abdgkmxy"));
    printf("%d\n", f('C',"BQMAXYZOTE"));
    return 0;       }
```

第 9 章　结构

一、选择题

1. 若程序中有下面的说明和定义,则会发生的情况是_____。

```
struct abc {int x; char y;}
struct abc s1, s2;
```

　　A. 编译出错

B. 程序将顺利编译、连接、执行
C. 能顺利通过编译、连接，但不能执行
D. 能顺利通过编译，但连接出错

2. 以下选项中，不能定义 s 为合法的结构变量的是_____。

   A. struct　abc
   　　{　double　a;
   　　　　char　b[10];
   　　}s;

   B. struct
   　　{　double　a;
   　　　　char　b[10];
   　　}s;

   C. struct　ABC
   　　{　double　a;
   　　　　char　b[10];
   　　};
   　　struct ABC s;

   D. struct s
   　　{　double　a;
   　　　　char　b[10];
   　　};

3. 有定义"struct ex{int x; float y; char z;} example;"，下面叙述中不正确的是_____。

   A. struct 是定义结构类型的关键字
   B. example 是结构类型名
   C. x, y, z 都是结构成员名
   D. struct ex 是结构类型名

4. 设有如下定义，
   struct ss
   {　char name[10];
   　　int age;　char sex;} std[3], *p=std;

   下面输入语句中错误的是_____。
   A. scanf("%d", &(*p).age);
   B. scanf("%s", &std.name);
   C. scanf("%c", &std[0].sex);
   D. scanf("%c", &(p->sex));

5. 下列程序的输出结果是_____。
   struct S{int n; int a[20];};
   void f(int *a, int n)
   {　int i;
   　　for(i=0; i<n-1; i++)　a[i]=a[i]+i;}
   int main(void)
   {　int i;　struct S s={10, {2, 3, 1, 6, 8, 7, 5, 4, 10, 9}};
   　　f(s.a, s.n);
   　　for(i=0; i<s.n; i++)printf("%d,", s.a[i]);　}

   A. 2, 4, 3, 9, 12, 12, 11, 11, 18, 9,
   B. 3, 4, 2, 7, 9, 8, 6, 5, 11, 10,
   C. 2, 3, 1, 6, 8, 7, 5, 4, 10, 9,
   D. 1, 2, 3, 6, 8, 7, 5, 4, 10, 9,

6. 下列程序的输出结果是_____。

```
typedef struct {char name[9]; char sex; float score[2];} STU;
void f(STU a)
{  STU b={"Zhao", 'm', 85.0, 90.0};   int i;
   strcpy(a.name, b.name);
   a.sex=b.sex;
   for(i=0; i<2; i++)a.score[i]=b.score[i];}
int main(void)
{  STU c={"Qian", 'f', 95.0, 92.0};
   f(c);
   printf("%s,%c,%2.0f,%2.0f\n", c.name, c.sex, c.score[0], c.score[1]);}
```

A. Qian, f, 95, 92 　　　　　　　B. Qian, m, 85, 90
C. Zhao, f, 95, 92 　　　　　　　D. Zhao, m, 85, 90

7. 下列程序的输出结果是_____。

```
struct stu{ int num;   char name[10]; int age;};
void fun(struct stu *p)
{  printf("%s\n", (*p).name);   }
int main(void)
{  struct stu  students[3]={{9801,"Zhang", 20},{9802,"Wang", 19},
   {9803,"Zhao", 18} }; fun(students+2);    }
```

A. Zhang　　　B. Zhao　　　C. Wang　　　D. 18

8. 下列程序的输出结果是_____。

```
struct stu{ char num[10];   float score[3];};
int main(void)
{  struct stu s[3]={{"20021", 90, 95, 85}, {"20022", 95, 80, 75},
   {"20023", 100, 95, 90}};
   struct stu *p=s;
   int i; float sum=0;
   for(i=0; i<3; i++)
      sum=sum+p->score[i];
   printf("%6.2f\n", sum);   }
```

A. 260.00　　　B. 270.00　　　C. 280.00　　　D. 285.00

9. 下列程序的输出结果是_____。

```
struct STU { char name[10]; int num;};
void f(char *name, int num)
{  struct STU s[2]={{"SunDan", 20044}, {"Penghua", 20045}};
   num=s[0].num;
   strcpy(name, s[0].name);   }
int main(void)
{  struct STU s[2]={{"YangSan", 2004}, {"LiSiGuo", 20042}}, *p;
   p=&s[1]; f(p->name, p->num);
```

```
           printf("%s %d\n", p->name, p->num);    }
```
   A．SunDan 20042   B．SunDan 20044
   C．LiSiGuo 20042   D．YangSan 20041

10. 下列程序的输出结果是_____。
```
   struct STU{ char name[10]; int num;};
   void f1(struct STU c)
   {  struct STU  b={"Three", 2042};
      c=b;       }
   void f2(struct STU *c)
   {  struct STU  b={"Two", 2044};
      *c=b;      }
   int main(void)
   {  struct STU  a={"One", 2041}, b={"Two", 2043};
      f1(a); f2(&b);
      printf("%d %d\n", a.num, b.num);
      return 0;   }
```
   A．2041 2044   B．2041 2043   C．2042 2044   D．2042 2043

二、填空题

1. 已有定义和赋值语句"struct{int day; char mouth; int year;} a, *b; b=&a;"，可用 a.day 引用结构成员 day，请写出通过 b 引用结构成员 a.day 的其他两种形式_____、_____。

2. 若已有结构定义"struct DATE{int year; int month; int day;};"，请写出一条定义语句，该语句定义 d 为上述结构类型变量，并同时为其成员 year、month、day 依次赋初值 2009、10、1：_____。

3. 以下程序中函数 fun 的功能是统计 person 所指结构数组中所有性别(sex)为 M 的记录的个数，并作为函数值返回。请填空。
```
   #define   N  3
   typedef  struct{ int num; char nam[10]; char sex;} SS;
   int  fun(SS person[])
   {  int  i, n=0;
      for(i=0; i<N; i++)
           if(_____=='M')  n++;
      return n;    }
   int main(void)
   {  SS  W[N]={{1,"AA",'F'}, {2,"BB",'M'}, {3,"CC",'M'}};   int  n;
      n=fun(W);   printf("n=%d\n", n);    }
```

4. 以下程序的运行结果是_____。
```
   struct student{char name[10]; long sno; float score;};
   int main(void)
```

```
    {   struct student a={"Zhangsan", 2001, 95}, b={"Lisi", 2002, 90};
        struct student c={"Ahua", 2003, 95}, d, *p=&d;
        d=a;
        if(strcmp(a.name, b.name)>0)   d=b;
        if(strcmp(c.name, d.name)>0)   d=c;
        printf("%ld%s\n", d.sno, p->name);
        return 0;}
```

5. 以下程序的运行结果是_____。

```
    int main(void){
        struct cmplx{
            int x;
            int y;} cnum[2]={1, 3, 2, 7};
        printf("%d\n", cnum[0].y/cnum[0].x*cnum[1].x);
        return 0;};
```

6. 下列程序的功能是输入 5 个联系人信息，统计年龄分布情况。请填空。

```
    struct address{
        char street[20];
        int code;
        int zip;};
    struct nest_friendslist{
        char name[10];
        int age;
        char telephone[13];
        struct address addr;} f;
    int main(void){
        int i, count1, count2, count3;
        count1=count2=count3=0;;
        for(i=1; i<=5; i++){
            scanf("%s%d%s", f.name, &f.age, f.telephone);
            _____;      /*输入地址信息*/
            if(f, age>=55)count1++;
            else if(f, age>=40)count2++
            else count3++;         }
        printf("老年人:%d, 中年人数:%d, 青年人数:%d\n", count1, count2, count3);
        return 0;}
```

7. 下列程序的功能是输入某班学生的姓名及数学、英语成绩，计算每位学生的平均分，然后输出平均分最高的学生之姓名及数学、英语成绩。请填空。

```
    struct student{
        char name[10]; int math, eng; float aver;};
    int fun(struct student s[], int n){
```

```
        int k, maxsub=0;
        for(k=0; k<n; k++){
            _____=(s[k].math+s[k].eng)/2.0;    /*计算平均分*/
            if(_____)    maxsub=k ;
        }
    return maxsub;
}
int main(void)   {
    int i, n, maxn;
    struct student s[50];
    scanf("%d", &n);
    for(i=0; i<n; i++)  scanf("%s%d%d", s[i].name, &s[i].math, &s[i].eng);
    _____;
    printf("%10s%3d%3d\n", s[maxn].name, s[maxn].math, s[maxn].eng);
    return 0 ;        }
```

8. 设有三个人的姓名和年龄存在结构数组中，以下程序输出三人中年龄居中者的姓名和年龄。请填空。

```
static struct man{
    char name[20];
    int age;
}person[]={"li-ming", 18,
           "wang-hua", 19,
           "zhang-ping", 20 };
int main(void){
    int i, j, max, min;
    max=min=person[0].age;
    for(i=1; i<3; i++)
        if(person[i].age>max)_____;
        else if(person[i].age<min)_____;
    for(i=0; i<3; i++)
        if(person[i].age!=max _____ person[i].age!=min){
            printf("%s %d\n", person[i].name, person[i].age);
            break;}
    return 0;}
```

9. 以下程序的运行结果是_____。

```
#include <stdio.h>
int main(void){
    struct S{
        int a, b;} data[2]={10, 100, 20, 200};
    struct S p=data[1];
    printf("%d\n", ++(p.a));
```

```
        return 0;
    }
```

10. 以下程序的运行结果是_____。

```c
#include <stdio.h>
struct STU {
    char name[9]; char sex; int score[2];};
void f(struct STU a[])
{   struct STU b={"zhao", 'm', 85, 90};
    a[1]=b;
}
int main(void)
{   struct STU c[2]={{"Qian", 'f', 95, 92},{"Sun", 'm', 98, 99}};
    f(c);
    printf("%s,%c,%d,%d,", c[0].name, c[0].sex, c[0].score[0], c[0].score[1]); printf("%s,%c,%d,%d\n", c[1].name, c[1].sex, c[1].score[0], c[1].score[1]);
    return 0;
}
```

第 10 章　函数与程序结构

一、选择题

1. 若程序中有宏定义"#define N 100",则下列叙述中正确的是_____。
   A. 宏定义中定义了标识符 N 的值为整数 100
   B. 在编译程序对 C 源程序进行预处理时用 100 替换标识符 N
   C. 对 C 源程序进行编译时用 100 替换标识符 N
   D. 在运行时用 100 替换标识符 N

2. 在 C 语言中,函数返回值的类型最终取决于_____。
   A. 函数定义时在函数首部所说明的函数类型
   B. return 语句中表达式值的类型
   C. 调用函数时主调函数所传递的实参类型
   D. 函数定义时形参的类型

3. 若函数调用时的实参为变量,下列关于函数形参和实参的叙述中正确的是_____。
   A. 函数的实参和其对应的形参共占同一存储单元
   B. 形参只是形式上的存在,不占用具体存储单元
   C. 同名的实参和形参占同一存储单元
   D. 函数的形参和实参分别占用不同的存储单元

4. 以下叙述中错误的是_____。
   A. 用户定义的函数中可以没有 return 语句
   B. 用户定义的函数中可以有多个 return 语句，以便可以调用一次返回多个函数值
   C. 用户定义的函数中若没有 return 语句，则应当定义函数为 void 类型
   D. 函数的 return 语句中可以没有表达式

5. 下列程序执行后输出的结果是_____。

   ```
   int d=1;
   void fun(int q)
   {  int d=5;
      d+=q++;    printf("%d", d);    }
   int main(void)
   {  int a=3;
      fun(a);
      d+=a++;    printf("%d\n", d);
      return 0;    }
   ```

   A. 8 4   B. 9 6   C. 9 4   D. 8 5

6. 以下程序的输出结果是_____。

   ```
   #define PT  5.5
   #define S(x)  PT*x*x
   int main(void)
   {  int a=1, b=2;
      printf("%4.1f\n", S(a+b));    }
   ```

   A. 49.5   B. 9.5   C. 22.0   D. 45.0

7. 设有如下函数定义

   ```
   int fun(int k)
   {  if(k<1)return 0;
      elseif(k==1)return 1;
      else return fun(k-1)+1;
   }
   ```

   若执行调用语句"n=fun(3);"，则函数 fun 总共被调用的次数是_____。
   A. 2   B. 3   C. 4   D. 5

8. 以下程序的输出结果是_____。

   ```
   #define M(x, y, z)x*y+z
   int main(void)
   {  int  a=1, b=2, c=3;
      printf("%d\n", M(a+b, b+c, c+a));
      return 0;    }
   ```

   A. 19   B. 17   C. 15   D. 12

9. 以下程序的输出结果是_____。
```
int fun(int x, int y)
{  if(x!=y)
   return((x+y)/2);
else
   return(x);
}
int main(void)
{  int a=4, b=5, c=6;
   printf("%d\n", fun(2*a, fun(b, c)));
}
```
A. 3   B. 6   C. 8   D. 12

10. 以下程序的输出结果是_____。
```
int fun(int a, int b)
{  if(b==0)  return a;
   else  return(fun(--a, --b));  }
int main(void)
{  printf("%d\n", fun(4, 2));
   return 0;  }
```
A. 1   B. 2   C. 3   D. 4

二、填空题

1. 下面函数用于求出两个整数之和，并通过形参传回两数相加之和值。请填空。
```
void add(int x, int y, _____ z)
{  _____=x+y;  }
```

2. 以下程序计算并输出 n!，请填空。
```
int fun(int n){
   if(n==0)   return 1;
   else
   return _____ ;
}
int main()
{  int x;
   scanf("%d", &x);
   x=fun(x);
   printf("%d\n", x);
   return 0;  }
```

3. 下列程序的输出结果是_____。
```
#define  MCRA(m)2*m
#define  MCRB(n, m)2*MCRA(n)+m
```

```
int main(void)
{   int i = 2, j = 3;
    printf("%d\n", MCRB(j, MCRA(i)));
    return 0;   }
```

4. 下列程序实现通过函数求 f(x) 的累加和，其中 f(x) = x^2+1，请填空。

```
int  F(int x)
{   return _____ ;   }
SunFun(int n)
{   int x, s = 0;
    for(x = 0; x <= n; x++)  s += F(_____);
    return s;   }
int main(void)
{   printf("The sum = %d\n", SunFun(10));
    return 0;
}
```

5. 以下程序的输出结果是_____。

```
long fun5(int n)
{   long s;
    if((n==1)||(n==2))
        s = 2;
    else
        s = n+fun5(n-1);
    return(s);   }
int main(void)
{   long x;
    x = fun5(4);
    printf("%ld\n", x);
    return 0;   }
```

6. 以下程序的输出结果是_____。

```
#define  MAX(x, y)  (x)>(y)? (x): (y)
int main(void)
{   int  a = 5, b = 2, c = 3, d = 3, t;
    t = MAX(a+b, c+d) * 10;
    printf("%d\n", t);
    return 0;   }
```

7. 下面程序的运行结果是_____。

```
#define  N   10
#define  s(x)   x*x
#define  f(x)  (x*x)
```

```
int main(void)
{   int i1, i2;
    i1=1000/s(N); i2=1000/f(N);
    printf("%d %d\n", i1, i2);
    return 0;     }
```

8. 下列程序的输出结果是_____。

```
int f(int a[ ], int n)
{   if(n>=1)  return f(a, n-1)+a[n-1];
    else return 0;}
int main(void)
{   int aa[5]={1, 2, 3, 4, 5}, s;
    s=f(aa, 5); printf("%d\n", s);
    return 0;     }
```

9. 下列程序的功能是输入两个正整数 n 和 a(0≤a≤9)，求下面表达式的值。请填空。

$$s = a + aa + aaa + \cdots + \underbrace{a \cdots a}_{n \uparrow a}$$

```
long Func(int a, int n);
int main(void)
{   long sn=0;
    int i, n, a;
    scanf("%d %d", &n, &a);
    for(i=1; i<=n; i++)
         sn=sn+_____;
    printf("sn=%d\n", sn);
    return 0;     }
long Func(int a, int n)
{   if(n==0)return 0;
    else return(_____);     }
```

10. 以下程序的输出结果是_____。

```
int f(int  n)
{   if(n==1)   return 1;
    else return f(n-1)+1;     }
int main(void)
{   int i, j=0;
    for(i=1; i<3; i++)
        j+=f(i);
    printf("%d\n", j);
    return 0;     }
```

第 11 章　指针进阶

一、选择题

1. 设有如下定义"char *aa[2]={"abcd","ABCD"};",则以下说法中正确的是_____。
   A. aa 数组的元素的值分别是字符串"abcd"和"ABCD"的内容
   B. aa 是指针变量,它指向含有两个数组元素的字符型一维数组
   C. aa 数组的两个元素分别存放的是字符串的首地址
   D. aa 数组的两个元素中各自存放了字符"a"和"A"

2. 若有定义"int k[2][3], *pk[3];",则下列语句中正确的是_____。
   A. pk=k;　　　　　　　　　　　B. pk[0]=&k[1][2];
   C. pk=k[0];　　　　　　　　　　D. pk[1]=k;

3. 若有下面的程序片段,则以下选项中对数组元素的错误引用的是_____。
   ```
   int a[12]={0}, *p[3], **pp, i;
   for(i=0; i<3; i++)  p[i]=&a[i*4];
   pp=p;
   ```
   A. pp[0][1]　　　B. a[10]　　　C. p[3][1]　　　D. *(*(p+2)+2)

4. 有以下定义和语句:
   ```
   int a[3][2]={1, 2, 3, 4, 5, 6,}, *p[3];
   p[0]=a[1];
   ```
   则 *(p[0]+1)所代表的数组元素是_____。
   A. a[0][1]　　　B. a[1][0]　　　C. a[1][1]　　　D. a[1][2]

5. 下列程序的输出结果是_____。
   ```
   void fun(char *s[], int n)
   {  char *t; int i, j;
      for(i=0; i<n-1; i++)
          for(j=i+1; j<n; j++)
              if(strlen(s[i])>strlen(s[j])){
                  t=s[i]; s[i]=s[j]; s[j]=t;  }
   }
   int main(void)
   {   char *ss[]={"bcc","bbcc","xy","aaaacc","aabcc"};
       fun(ss, 5);
       printf("%s,%s\n", ss[0], ss[4]);
       return 0;   }
   ```
   A. xy, aaaacc　　　　　　　　　　B. aaaacc, xy

C. bcc, aabcc   D. aabcc, bcc

6. 以下程序的输出结果是_____。

```
int main(void)
{   char *p[ ]={"3697","2584"};
    int i, j;  long num=0;
    for(i=0; i<2; i++)
    {   j=0;
        while(p[i][j]!='\0')
        {   if((p[i][j]-'0')%2)num=10*num+p[i][j]-'0';
            j+=2;   }    }
    printf("%d\n", num);
    return 0;   }
```

A. 35   B. 37   C. 39   D. 3975

7. 以下程序的输出结果是_____。

```
struct HAR
{   int x, y; struct  HAR *p;} h[2];
int main(void)
{   h[0].x=1; h[0].y=2;
    h[1].x=3; h[1].y=4;
    h[0].p=h[1].p=h;
    printf("%d%d\n", (h[0].p)->x, (h[1].p)->y);
    return 0;   }
```

A. 12   B. 23   C. 14   D. 32

8. 以下程序的输出结果是_____。

```
struct NODE{ int num;   struct NODE  *next;};
int main(void)
{   struct NODE *p, *q, *r;
    p=(struct NODE *)malloc(sizeof(struct NODE));
    q=(struct NODE *)malloc(sizeof(struct NODE));
    r=(struct NODE *)malloc(sizeof(struct NODE));
    p->num=10; q->num=20; r->num=30;
    p->next=q; q->next=r;
    printf("%d\n", p->num+q->next->num);
    return 0;   }
```

A. 10   B. 20   C. 30   D. 40

9. 结构说明和变量定义如下图所示，指针 p、q、r 分别指向一个链表中的 3 个连续结点。现要将 q 和 r 所指结点的先后位置交换，同时要保持链表的连续，以下错误的程序段是_____。

```
struct  node
```

{ int data;
　　struct node *next;} *p, *q, *r;

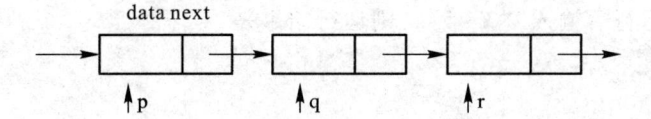

```
    data next
→ □□ → □□ → □□ →
    ↑p      ↑q      ↑r
```

A. r->next=q; q->next=r->next; p->next=r;
B. q->next=r->next; p->next=r; r->next=q;
C. p->next=r; q->next=r->next; r->next=q;
D. q->next=r->next; r->next=q; p->next=r;

10. 程序中已构成如下图所示的单向链表结构，指针变量 s、p、q 均已正确定义，并用于指向链表结点，指针变量 s 总是作为头指针指向链表的第一个结点。

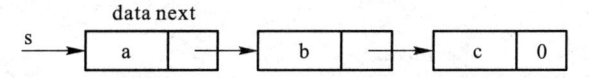

```
  s    data next
→ → □a□ → □b□ → □c 0□
```

若有下列程序段：

q=s; s=s->next; p=s;
while(p->next)p=p->next;
p->next=q; q->next=NULL;

该程序段实现的功能是_____。

A. 首结点成为尾结点   B. 尾结点成为首结点
C. 删除首结点   D. 删除尾结点

二、填空题

1. 下面程序的输出结果是 _____。

```
int main(void)
{   char *p[]={ "BOOL","OPK","H","SP"};
    int i;
    for(i=3; i>=0; i--, i--)  printf("%c", *p[i]);
    printf("\n");
    return 0;
}
```

2. 下面程序的输出结果为_____。

```
int main(void)
{   int i;
    char a[10], b[10];
    char *st[]={"one","two","three","four"};
    printf("%s#", *st);
    for(i=0; i<4; i++)   b[i]=*(st[i]+1);
    b[i]='\0';
    puts(b);
```

       return 0;
    }

3. 下面程序运行后输入 "3 5"，则运行结果是_____。

    ```
    int main(void)
    {   int i, m, n;
        char *s[5]={"Monday","Tuesday","Wednesday","Thursday","Friday"};
        char **p=s;
        scanf("%d%d", &m, &n);
        for(i=0; i<m; i++)p++;
        printf("%s\n", *p);
        printf("%c", *(*p+n));
        return 0;
    }
    ```

4. 下列程序的输出结果是_____。

    ```
    char *fun(char *t)
    {   char *p=t;
        return(p+strlen(t)/2);}
    int main(void)
    {   char *str="abcdefgh";
        str=fun(str);
        puts(str);
        return 0;
    }
    ```

5. 下列程序的输出结果是_____。

    ```
    char *ss(char *s)
    {   char *p, t;
        p=s+1; t=*s;
        while(*p){*(p-1)=*p; p++;}
        *(p-1)=t;
        return s;}
    int main(void)
    {   char *p, str[10]="abcdefgh";
        p=ss(str);
        printf("%s\n", p);
    }
    ```

6. 以下程序的功能是输入一个字符串和一个字符，如果该字符在字符串中，就从该字符首次出现的位置开始输出字符串中的字符。请填空。

    ```
    _____ match(char *s, char ch)
    {   while(*s != '\0')
    ```

```
        if( *s == ch)_____ ;
        else s++;
        _____ ;    }
    int main(void)
    {   char ch, str[80], *p=NULL;
        printf("Please Input the string\n: ");
        scanf("%s", str);     getchar();
        ch=getchar();
        if((p=match(str, ch))!= NULL)
            printf("%s\n", p);
        else
            printf("Not Found\n");
        return 0;
    }
```

7. 下列程序的输出结果是_____。

```
    struct NODE{ int num; struct NODE *next;};
    int main(void)
    {   struct NODE s[3]={{1, '\0'}, {2, '\0'}, {3, '\0'}}, *p, *q, *r;
        int sum=0;
        s[0].next=s+1; s[1].next=s+2; s[2].next=s;
        p=s; q=p->next; r=q->next;
        sum+=q->next->num; sum+=r->next->next->num;
        printf("%d\n", sum);
        return 0;
    }
```

8. 下列程序的功能是建立一个有 3 个结点的单向链表，然后求各个结点数值域 data 中数据的和。请填空。

```
    struct NODE {int data; struct NODE *next;};
    int main(void)
    {   struct NODE *p, *q, *r;
        int sum=0;
        p=(struct NODE *)malloc(sizeof(struct NODE));
        q=(struct NODE *)malloc(sizeof(struct NODE));
        r=(struct NODE *)malloc(sizeof(struct NODE));
        p->data=100; q->data=200; r->data=300;
        _____; _____; _____;
        sum=p->data+p->next->data+p->next->next->data;
        printf("%d\n", sum);
        return 0;
    }
```

9. 函数 min( ) 的功能是在单链表中查找数据域中值最小的结点。请填空。

```
struct node
{   int  data;
    struct node *next;};
int min(struct node *first)/*指针 first 为链表头指针*/
{   struct node  *p; int  m;
    p=first; m=p->data; p=p->next;
    for(; p!=NULL; p=_____)
        if(p->data<m)  m=p->data;
    return  m;
}
```

10. 下列程序的输出结果为_____。

```
int main(void)
{   struct node{
        int x; node *next;
    } *p1, *p2=NULL;
    int a[5]={7, 6, -5, 28, 1}, i;
    for(i=0; i<5; i++){
        if(abs(a[i])%2!=0){
            p1=(node *)malloc(sizeof(node));
            p1->x=a[i]; p1->next=p2; p2=p1;}
    }
    while(p1 != NULL){
        printf("%d", p1->x);
        p1=p1->next;    }
    return 0;
}
```

第 12 章   文件

一、选择题

1. 下列关于 C 语言数据文件的叙述正确的是_____。
   A. 文件由 ASCII 码字符序列组成，C 语言只能读写文本文件
   B. 文件由二进制数据序列组成，C 语言只能读写二进制文件
   C. 文件由记录序列组成，可按数据的存放形式分为二进制文件和文本文件
   D. 文件由数据流形式组成，可按数据的存放形式分为二进制文件和文本文件
2. 下列关于 typedef 的叙述错误的是_____。
   A. 用 typedef 可以增加新类型
   B. typedef 只是将已存在的类型用一个新的名字来代表

C. 用 typedef 可以为各种类型说明一个新名，但不能用来为变量说明一个新名

D. 用 typedef 为类型说明一个新名，通常可以增加程序的可读性

3. 下列叙述中正确的是_____。

   A. C 语言中的文件是流式文件，因此只能顺序存取数据

   B. 打开一个已存在的文件并进行了写操作后，原有文件中的全部数据必定被覆盖

   C. 在一个程序中当对文件进行了写操作后，必须先关闭该文件然后再打开，才能读到第一个数据

   D. 当对文件的读(写)操作完成之后，必须将它关闭，否则可能导致数据丢失

4. 在 C 程序中，可把整型数以二进制形式存放到文件中的函数是_____。

   A. fprintf 函数   B. fread 函数   C. fwrite 函数   D. fputc 函数

5. 若要打开 A 盘上 user 子目录下名为 abc.txt 的文本文件进行读、写操作，下面符合此要求的函数调用是_____。

   A. fopen("A:\ user \ abc.txt","r")

   B. fopen("A:\\ user \\ abc.txt","r+")

   C. fopen("A:\ user \ abc.txt","rb")

   D. fopen("A:\\ user \\ abc.txt","w")

6. 若以 "a+" 方式打开一个已存在的文件。则以下叙述正确的是_____。

   A. 文件打开时，原有文件内容不被删除，位置指针移到文件末尾，可做添加和读操作

   B. 文件打开时，原有文件内容不被删除，位置指针移到文件开头，可做重写和读操作

   C. 文件打开时，原有文件内容被删除，只可做写操作

   D. 以上各种说法都不正确

7. 下列程序的输出结果是_____。

```
int main(void)
{   FILE *fp;   int k, n, a[6]={1,2,3,4,5,6};
    fp=fopen("d2.dat","w");
    fprintf(fp,"%d%d%d\n", a[0], a[1], a[2]);
    fprintf(fp,"%d%d%d\n", a[3], a[4], a[5]);
    fclose(fp);
    fp=fopen("d2.dat","r");
    fscanf(fp,"%d%d", &k, &n); printf("%d%d\n", k, n);
    fclose(fp);
    return 0;   }
```

A. 12   B. 14   C. 1234   D. 123456

8. 下面的程序执行后，文件 test 中的内容是_____。

```
void fun(char *fname, char *st)
{   FILE *myf; int i;
    myf=fopen(fname,"w");
```

```
        for(i=0; i<strlen(st); i++)fputc(st[i], myf);
        fclose(myf);    }
int main(void)
{   fun("test","new world");
    fun("test","hello,");
    return 0;    }
```

A. new worldhello,   B. hello,   C. new world   D. hello, rld

9. 下列与函数 fseek(fp, 0L, SEEK_SET)有相同作用的是_____。

A. feof(fp)   B. ftell(fp)   C. fgetc(fp)   D. rewind(fp)

10. 下列程序的输出结果是_____。

```
int main(void)
{   FILE *fp; int i, k, n;
    fp=fopen("data.dat","w+");
    for(i=1; i<6; i++)
    {   fprintf(fp,"%d", i);
        if(i%3==0)fprintf(fp,"\n");    }
    rewind(fp);
    fscanf(fp,"%d%d", &k, &n);
    printf("%d%d\n", k, n);
    fclose(fp);
    return 0;    }
```

A. 00   B. 12345   C. 14   D. 12

二、填空题

1. 函数调用语句"fgetc(buf, n, fp);"从 fp 指向的文件中读入_____个字符放到 buf 字符数组中。

2. 设有定义"FILE *fw;",请将以下打开文件的语句"fw=fopen("readme.txt", _____);"补充完整,以便可以向文本文件 readme.txt 的最后续写内容。

3. 以下程序中用户由键盘输入一个文件名,然后输入一串字符(用"#"结束输入)存放到此文件中形成文本文件,并将字符的个数写到文件尾部。请填空。

```
int main(void)
{   FILE *fp;
    char ch, fname[32];   int count=0;
    printf("Input the filename:"); scanf("%s", fname);
    if((fp=fopen(_____,"w+"))==NULL){
        printf("Can't open file:%s\n", fname); exit(0);    }
    printf("Enter data:\n");
    while((ch=getchar())!='#')  {
        fputc(ch, fp);
        count++;}
    fprintf(_____,"\n%d\n", count);
```

```
        fclose(fp);
        return 0;      }
```

4. 下面程序把从终端读入的文本(用"@"作为文本结束标志)输出到一个名为 bi.dat 的新文件中。请填空。

```
int main(void)
{   FILE  *fp; char  ch;
    if((fp=fopen_____))==NULL)  exit(0);
    while((ch=getchar())!='@')  fputc(ch,fp);
    fclose(fp);
    return 0;      }
```

5. 下列程序运行时，先输入一个文本文件的文件名(不超过 20 个字符)，然后输出该文件中除了 0~9 数字字符之外的所有字符。请填空。

```
int main(void)
{   FILE * f1;
    char ch, filename[20];
    gets(filename);
    if((f1=fopen(filename, _____))==NULL){
            printf("%s 不能打开!\n", filename);
            exit(0);
     }
    while(_____){
            _____;
        if(ch<'0'|| ch>'9')   printf("%c", ch);
    }
    fclose(f1);
    return 0;      }
```

6. 下面程序的功能是先从键盘输入一个字符串，将小写字母转换为大写字母后输出到文件 test.txt 中，然后从该文件读出字符串并显示出来。请填空。

```
int main(void)
{   FILE *fp;
    char  str[100];   int  i=0;
    if((fp=fopen("text.txt", _____))==NULL){
            printf("can't open this file.\n"); exit(0);   }
    printf("input astring:\n");
    gets(str);
    while(str[i]){
            if(str[i]>='a'&&str[i]<='z')   str[i]=_____;
            fputc(str[i], fp);
        i++;       }
    fclose(fp);
```

```
        fp=fopen("test.txt",_____);
        fgets(str, 100, fp);
        printf("%s\n", str);
        fclose(fp);
        return 0;    }
```

7. 以下程序的功能是将文件 file1.c 的内容输出到屏幕并复制到文件 file2.c 中。请填空。

```
    int main(void){
        _____;
        fp1=fopen("file1.c","r");
        fp2=fopen("file2.c","w");
        while(!feof(fp1))
            putchar(fgetc(fp1));
        _____;
        while(!foef(fp1))
            fputc(_____);
        fclose(fp1);
        fclose(fp2);
        return 0;    }
```

8. 假定当前盘符有一个如下文本文件：
   文件名　　　　　a1.txt
   内容　　　　　　123#
   则下面程序段执行后的结果为_____。

```
    #include "stdio.h"
    int main(void)
    {   FILE *fp;
        char c;
        int n;
        fp=fopen("a1.txt","r");
        while((c=fgetc(fp))!='#')
            putchar(c);
        fclose(fp);
        fp=fopen("a1.txt","r");
        fscanf(fp,"%d", &n);
        printf("%d\n", n);
        fclose(fp);
        return 0;   }
```

9. 运行下述程序后，生成的文件 test.dat 的长度为_____字节。如果将文件打开方式改为"wb"，则生成的文件 test.dat 的长度为_____字节。

```
    #include <stdio.h>
```

```
int main(void)
{   FILE * fp=fopen("test.dat","w");
    fputc('A', fp);    fputc('\n', fp);
    fputc('B', fp);    fputc('\n', fp);
    fputc('C', fp);
    fclose(fp);
    return 0;
}
```

10. 下列程序的输出结果是_____。

```
#include <stdio.h>
int main(void)
{   FILE * fp;
    int n, a[2] = {65, 66};
    char ch;
    fp=fopen("d.dat","w");
    fprintf(fp,"%d%d", a[0], a[1]);
    fclose(fp);
    fp = fopen("d.dat","r");
    fscanf(fp,"%c", &ch);
    n=ch;
    while(n!=0){
      printf("%d", n%10);
      n=n/10;
    }
    fclose(fp);
    return 0;
}
```

参 考 答 案

第 1 章 引言

一、选择题

| 1 | D | 2 | C | 3 | C | 4 | C | 5 | A | 6 | C | 7 | B | 8 | A | 9 | D | 10 | D |

二、填空题

1. c
2. 顺序结构　　分支结构　　循环结构
3. 复合
4. 语句
5. 字母　　数字　　下划线
6. main( )函数
7. 数据表达　　数据处理
8. exe
9. 编译　　连接
10. 判断 x 的奇偶性

第 2 章 用 C 语言编写程序

一、选择题

| 1 | A | 2 | D | 3 | C | 4 | A | 5 | D | 6 | D | 7 | D | 8 | D | 9 | C | 10 | C |

二、填空题

1. a=1，b=2
2. 3，2
3. 10
4. 1.0
5. t*10
6. 13
7. 3
8. 585858
9. 2.000000，4
10. x>y　　u>z

第3章 分支结构

一、选择题

| 1 | C | 2 | D | 3 | A | 4 | C | 5 | C | 6 | B | 7 | A | 8 | C | 9 | A | 10 | B |

二、填空题

1. else-if　switch
2. 1 3 0
3. 20, 0
4. 1
5. a+b>c&&a+c>b&&b+c>a
6. 2 1
7. -4
8. 4599
9. 10 20 0
10. 3

第4章 循环结构

一、选择题

| 1 | A | 2 | B | 3 | A | 4 | B | 5 | C | 6 | B | 7 | A | 8 | A | 9 | B | 10 | B |
| 11 | B | 12 | A | 13 | C | 14 | A | 15 | B |

二、填空题

1. x>=0　　　x<amin
2. 52
3. 8921
4. 0
5. m=4　n=2
6. k<=n　　　k++
7. 2*i-1　　printf("\n")
8. i<10　　　j%3!=0
9. ch=ch+1　　printf("\n")
10. k=1, s=0　　k=k*(m%10)　　s=s+m%10
11. tn=tn+a　　tn=tn*10
12. LIPPS
13. First=0　　printf("*%d", i)
14. s=1　　（pow(2, n)-1）
15. b=i+1　　c-11

第 5 章 函数

一、选择题

| 1 | C | 2 | D | 3 | B | 4 | D | 5 | C | 6 | A | 7 | B | 8 | B | 9 | C | 10 | D |

二、填空题

1. z=z*x

2. 8，17

3. 246

4. fac/i

5. 3，2，2，3

6. n=1   (s+t)

7. fun(a,4)+fun(b,4)-fun(a+b,3)

8. 5，7，9，

9. s=0   s=s+f(x)   x*x*x+1

10. 2

第 6 章 数据类型和表达式

一、选择题

| 1 | B | 2 | B | 3 | D | 4 | B | 5 | C | 6 | D | 7 | C | 8 | A | 9 | D | 10 | C |
| 11 | C | 12 | B | 13 | D | 14 | A | 15 | A |

二、填空题

1. 0

2. 1

3. 3.000000

4. 1111111111111011

5. 1

6. 3

7. 004

8. m=4k=4i=5k=5

9. 0

10. 16

11. X

12. 1 B

13. 123.460000

14. 25 21 37

15. abcDEF

第7章 数组

一、选择题

1	D	2	D	3	C	4	C	5	C	6	D	7	D	8	A	9	D	10	C
11	D	12	B	13	B	14	A	15	B

二、填空题

1. =a　　　a　　　sum/n　　　x[i]<ave
2. Hello
3. 58
4. 1　2　3
   0　5　6
   0　0　9
5. i--　　　n
6. n%base　　　b[d]
7. j+=2　　　a[i]>a[j]
8. a*b*c*d*
9. j+1　　　i%2!=0
10. 24
11. 92
12. &a[i]　　　a[i]
13. &a[i]　　　index=-1　　　break
14. s[i]==alpha[k]　　　break
15. (top+bott)/2　　　top=min+1　　　top>bott

第8章 指针

一、选择题

1	C	2	A	3	D	4	B	5	C	6	A	7	A	8	B	9	B	10	D
11	C	12	A	13	C	14	D	15	C

二、填空题

1. 4，2，7#4，1，6
2. *pmax=*px
3. 6
4. s[i]<'0'||s[i]>'9'　　　'\0'

5. p++　　　w[i-1]
6. (-1)　　　*sn
7. &str[strlen(str)-1]　　　t==0　　　huiwen(str)
8. s-1　　　*s++
9. 10
10. (1) 6.0Visualc++　6.0　　(2) Visualc++
11. 13　　　gramming!
12. *++p
13. *2*4*6*8*
14. cdeab
15. 3　　　-1

第9章　结构

一、选择题

| 1 | A | 2 | D | 3 | B | 4 | B | 5 | A | 6 | A | 7 | B | 8 | B | 9 | A | 10 | A |

二、填空题

1. (*b).day　　　b->day
2. struct DATE d={2009,10,1};
3. person[i].sex
4. 2002Lisi
5. 6
6. scanf("%s%d%d", f.addr.street, &f.addr.code, &f.addr.zip);
7. s[k].aver　　　s[k].aver>s[maxsub].aver　　　maxn=fun(s,n)
8. max=person[i].age　　　min=person[i].age　　　&&
9. 21
10. Qian, f, 95, 92, zhao, m, 85, 90

第10章　函数与程序结构

一、选择题

| 1 | B | 2 | A | 3 | D | 4 | B | 5 | A | 6 | B | 7 | B | 8 | D | 9 | B | 10 | B |

二、填空题

1. int *　　　*z
2. n*fun(n-1)
3. 16
4. x*x+1　　　x
5. 9

6. 7
7. 1000　10
8. 15
9. Func(a, i)　　　Func(a, n-1)*10+a
10. 3

第 11 章　指针进阶

一、选择题

| 1 | C | 2 | B | 3 | C | 4 | C | 5 | A | 6 | C | 7 | A | 8 | D | 9 | A | 10 | A |

二、填空题

1. SO
2. one#nwho
3. Thursday
　　d
4. efgh
5. bcdefgha
6. char *　　　return s　　　return NULL
7. 5
8. p->next=q　　　q->next=r　　　r->next=NULL
9. p->next
10. 1　-5　7

第 12 章　文件

一、选择题

| 1 | D | 2 | A | 3 | D | 4 | A | 5 | B | 6 | A | 7 | D | 8 | B | 9 | D | 10 | D |

二、填空题

1. n-1
2. "a"
3. fname　fp
4. "bi.dat","w"
5. "r"　　　!feof(f1)　　　fgetc(ch, f1)
6. "w"　　　str[i]-32　　　"r"
7. FILE *fp1,*fp2;　　　rewind(fp1);　　　fgetc(fp1), fp2
8. 123123
9. 7　　　5
10. 45

附录 A　PTA 使用说明

本书练习和习题中的程序设计题目都可以在 PAT(Programming Ability Test，计算机程序设计能力考试)的配套练习平台 PTA(Programming Teaching Assistant，又称"拼题 A")上进行练习。

1. PAT 与 PTA

什么是 PAT

PAT 旨在通过统一组织的在线考试及自动评测方法客观地评判考生的算法设计与程序设计实现能力，科学地评价计算机程序设计人才，为企业选拔人才提供参考标准。目前 PAT 已成为 IT 界的标准化能力测试，得到包括 Google、Microsoft、网易、百度、腾讯等在内的近两百家大中小型各级企业的认可和支持，他们纷纷开辟了求职绿色通道，主动为 PAT 成绩符合其要求的考生安排面试，免除计算机程序设计方面的笔试环节。同时，浙江大学计算机学院硕士研究生招生考试上机复试成绩都可用 PAT 成绩替代。

PAT 在每年的春季(2、3 月间)、秋季(8、9 月间)和冬季(11、12 月间)组织 3 场统一考试。考试为 3 小时、闭卷、上机编程测试，总分为 100 分。考试分为 3 个不同的难度级别：顶级(Top Level)、甲级(Advanced Level)、乙级(Basic Level)。顶级考试 3 题，题目描述语言为英文；甲级考试 4 题，题目描述语言为英文；乙级考试 5 题，题目描述语言为中文。要求考生按照严格的输入输出要求提交程序，程序须经过若干测试用例的测试，每个测试用例分配一定得数。每题的得分为通过的测试用例得分之和，整场考试得分为各题得分之和，提交错误不扣分。

PAT 不设合格标准，凡参加考试且获得非零分者皆有成绩，可获得统一颁发的证书。证书中包含"考试分数/满分"和"排名/考生总数"两个指标。PAT 提供官方证书查验功能，在官网相应位置输入证书编号即可查验真伪。

什么是 PTA

PTA 是 PAT 的配套练习平台，支持更丰富的题目类型，其编程类题目具有与 PAT 相同的判题系统环境，配有方便的辅助教学工具，并由全国高校程序设计与算法类课程群的教师们共同建设内容丰富的题库。本书的题目集就部署在 PTA 上(见图 A.1)，读者进入题目集后，单击右侧"我是读者"按钮并输入验证码，即可进行练习(见图 A.2)。

2. PTA 工作机制

PTA 系统中，提交的程序代码由服务器自动判断正确与否，判断的方法如下。
(1) 服务器收到提交的源代码后，将源代码保存、编译、运行。
(2) 运行的时候会先判断程序的返回是否为 0，如果不是 0，表明程序内部出错了。
(3) 运行的时候用预先设计的数据作为程序的输入，然后将程序的输出与预先设定的输出做逐个字符的比较。

(4) 如果每个字符都相同，表示程序正确，否则表示程序错误。
(5) 每一题的测试数据会有多组，每通过一组将获得相应得分。

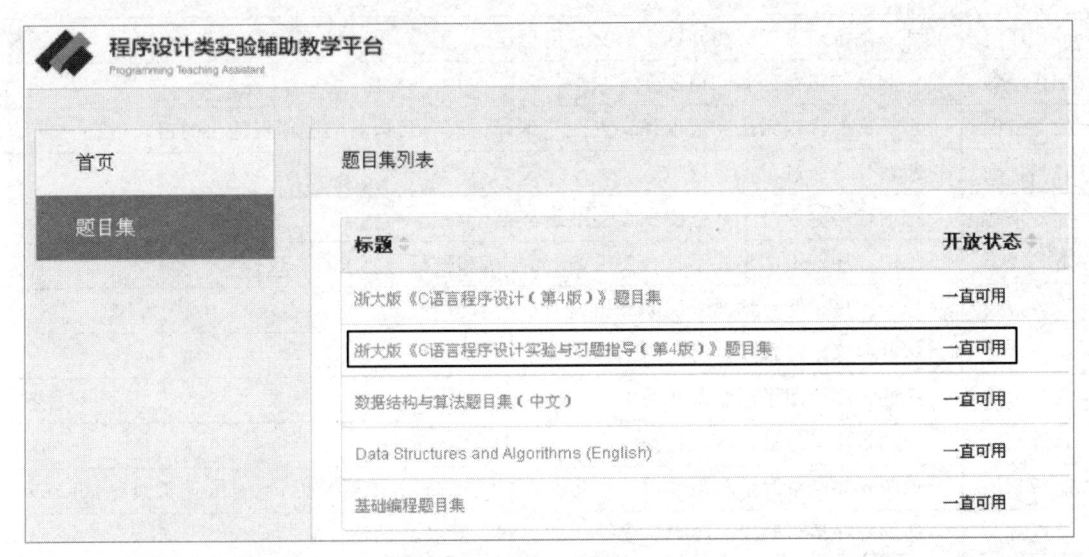

图 A.1　从 PTA 首页进入系统后，可查看"浙大版《C 语言程序设计实验与习题指导（第 4 版）》题目集"

图 A.2　读者单击"我是读者"按钮并输入验证码，即可进行练习

PTA 的服务器采用 64 位的 Linux 操作系统，C 语言编译器采用 gcc，版本是 6.5.0。gcc 使用的编译参数中含有：-fno-tree-ch -O2 -Wall -std=c99。

如果没有特别说明，程序应该从标准输入（stdin，传统意义上的"键盘"）读入，并输出到标准输出（stdout，传统意义上的"屏幕"）。也就是说，用 scanf 做输入，用 printf 做输出就可以了；不要使用文件做输入输出。

在服务器上的测试数据有多组，但提交的程序只要处理一组输入数据的情况，不需要考虑多组数据循环读入的问题。

3. PTA 可能的反馈信息

程序在每一次提交后，都会即时得到由 PTA 的评分系统给出的得分以及反馈信息，可能的反馈信息见表 A.1。

表 A.1 PTA 可能的反馈信息

结果	说明
等待评测	评测系统还没有评测到这个提交,请稍候
正在评测	评测系统正在评测,稍候会有结果
编译错误	您提交的代码无法完成编译,点击"编译错误"可以看到编译器输出的错误信息
答案正确	恭喜!您通过了这道题
部分正确	您的代码只通过了部分测试点,继续努力!
格式错误	您的程序输出的格式不符合要求(比如空格和换行与要求不一致)
答案错误	您的程序未能对评测系统的数据返回正确的结果
运行超时	您的程序未能在规定时间内运行结束
内存超限	您的程序使用了超过限制的内存
异常退出	您的程序运行时发生了错误
返回非零	您的程序结束时返回值非 0,如果使用 C 或 C++ 语言要保证 int main 函数最终 return 0
浮点错误	您的程序运行时发生浮点错误,比如遇到了除以 0 的情况
段错误	您的程序发生段错误,可能是数组越界、堆栈溢出(比如,递归调用层数太多)等情况引起
多种错误	您的程序对不同的测试点出现不同的错误
内部错误	评测系统发生内部错误,无法评测。工作人员会努力排查此种错误

4. 程序常见问题

(1) main 的问题

错误的例子:

```
void main()
{
    printf("hello \n");
}
```

函数 main() 的返回类型必须是 int,在 main() 里一定要有语句

  return 0;

用来返回 0。

有些教材基于 Windows 的 C 编译器,还在使用语句 void main(),这是本书作者无法接受的。main() 的返回值是有意义的,如果返回的不是 0,就表示程序运行过程中错误了,那么服务器上的判题程序也会给出错误的结论。

另外,某些 IDE 需要在 main() 的最后加上一句:

  system("pause");

或

  getch();

来形成暂停。在上传程序时一定要把这个语句删除,不然会产生超时错误。

（2）多余的输出问题

错误的例子：

```
int main()
{
    int a, b;
    printf("请输入两个整数:");
    scanf("%d %d", &a, &b);
    ...
    printf("%d 和%d 的最大公约数是%d\n", a, b, c);
    return 0;
}
```

程序的输出不要添加任何提示性信息，必须严格采用题目规定的输出格式。

读者可以运行自己的程序，采用题目提供的输入样例，如果得到的输出和输出样例完全相同，一个字符也不多，一个字符也不少，那么这样的格式就是对的。

（3）汉字问题

程序中不要出现任何汉字，即使在注释中也不能出现。服务器上使用的文字编码未必和读者的计算机相同，读者认为无害的汉字可能会被编译器认为是奇怪的东西。

（4）输出格式问题

仔细阅读题目中对于输出格式的要求。因为服务器是严格地按照预设的输出格式来比对程序输出的。需要注意的输出格式问题包括：

- 行末要求不带空格（或带空格）
- 输出要求分行（或不分行）
- 有空格没空格要看仔细
- 输出中的标点符号要看清楚，尤其是绝对不能用中文全角的标点符号，另外单引号(')和一撇(')要分清楚
- 当输出浮点数时，因为浮点数会涉及输出的精度问题，题目中通常会对输出格式做明确要求。一定要严格遵守
- 当输出浮点数时，有可能出现输出-0.0 的情况，需要在程序中编写代码判断，保证不出现-0.0

（5）不能用的库函数

某些库函数因为存在安全隐患是不能用的，目前主要指库函数 itoa 和 gets。

（6）过时的写法问题

某些教材上提供的过时写法也会在编译时产生错误，例如：

```
int f()
  int a;
{
}
```

参 考 文 献

［1］KOCHAN S G.C 语言编程［M］.3 版.张小潘，译.北京：电子工业出版社，2006.
［2］KELLEY A，POHL I.C 语言教程［M］.4 版.徐波，译.北京：机械工业出版社，2007.
［3］BRONSON G J.标准 C 语言基础教程［M］.4 版.单先余，等译.北京：电子工业出版社，2006.
［4］DEITEL H M，DEITEL P J.C 程序设计教程［M］.薛万鹏，等译.北京：机械工业出版社，2005.
［5］KERNIGHAN B W，RITCHIE D M.C 程序设计语言［M］.徐宝文，等译.北京：机械工业出版社，2006.
［6］颜晖.C 语言学习及实践指导［M］.杭州：浙江科技出版社，2005.
［7］谭浩强.C 语言程序设计试题汇编［M］.北京：清华大学出版社，2005.
［8］全国计算机等级考试命题研究组.全国计算机等级考试笔试考试习题集：2009 版二级 C 语言程序设计［M］.天津：南开大学出版社，2008.
［9］何钦铭.C 语言程序设计经典实验案例集［M］.北京：高等教育出版社，2012.

郑重声明

高等教育出版社依法对本书享有专有出版权。任何未经许可的复制、销售行为均违反《中华人民共和国著作权法》，其行为人将承担相应的民事责任和行政责任；构成犯罪的，将被依法追究刑事责任。为了维护市场秩序，保护读者的合法权益，避免读者误用盗版书造成不良后果，我社将配合行政执法部门和司法机关对违法犯罪的单位和个人进行严厉打击。社会各界人士如发现上述侵权行为，希望及时举报，本社将奖励举报有功人员。

反盗版举报电话　（010）58581999　58582371　58582488
反盗版举报传真　（010）82086060
反盗版举报邮箱　dd@hep.com.cn
通信地址　　　　北京市西城区德外大街4号
　　　　　　　　高等教育出版社法律事务与版权管理部
邮政编码　　　　100120